高等职业院校重点建设专业校企合作教材

Gongcheng Jixie Yeya Jishu Shixun Jiaocheng

工程机械液压技术实训教程

主　编　罗江红

副主编　陈建萍

主　审　马秀成

人民交通出版社股份有限公司
China Communications Press Co.,Ltd.

内 容 提 要

　　本实训教程为校企合作教材,与工程机械液压传动配套使用。全书共十五个实训任务,按照工程机械液压系统的结构组成进行编写,内容包括各种液压泵、液压缸、液压控制阀、液压回路、挖掘机和装载机液压系统的结构、工作原理、拆装及故障诊断等。

　　本书是职业院校工程机械运用技术等专业的专项实训教学用书,也可供其他相关专业教学使用,还可供从事工程机械相关工作的工程技术人员学习参考。

图书在版编目（CIP）数据

工程机械液压技术实训教程/罗江红主编. —北京：
人民交通出版社股份有限公司,2017.8
高等职业院校重点建设专业校企合作教材
ISBN 978-7-114-14151-5

Ⅰ. ①工… Ⅱ. ①罗… Ⅲ. ①工程机械—液压传动系统—高等职业教育—教材 Ⅳ. ①TH137

中国版本图书馆 CIP 数据核字(2017)第 216189 号

高等职业院校重点建设专业校企合作教材

书　　　名：工程机械液压技术实训教程
著　作　者：罗江红
责任编辑：司昌静　孙敬一
出版发行：人民交通出版社股份有限公司
地　　　址：(100011)北京市朝阳区安定门外外馆斜街 3 号
网　　　址：http://www.ccpress.com.cn
销售电话：(010)59757973
总 经 销：人民交通出版社股份有限公司发行部
经　　　销：各地新华书店
印　　　刷：北京鑫正大印刷有限公司
开　　　本：787×1092　1/16
印　　　张：10.5
字　　　数：254 千
版　　　次：2017 年 8 月　第 1 版
印　　　次：2017 年 8 月　第 1 次印刷
书　　　号：ISBN 978-7-114-14151-5
定　　　价：30.00 元

前言
FOREWORD

　　《工程机械液压技术实训教程》的编写旨在明确实训内容、规范实训过程,同时将企业的实践内容融入其中,围绕工作任务,让学生在行动中学习,使学生不仅能够掌握必要的专业理论知识,同时又能达到相应的技术要求,使实训指导书更贴近本专业的发展和实际需要。实训指导书中的活动设计内容较具体,内容体现了一定实用性,并具有可操作性,符合当前职业教育教学改革的理念和要求。

　　本实训教程主要适用于工程机械运用技术专业工程机械液压技术课程及其他相关专业课程的实训教学。该实训指导书包括十五个实训项目,授课教师可根据实际需要有选择地进行教学。

　　本教材由新疆交通职业技术学院罗江红主编、陈建萍副主编,由沃尔沃建筑设备投资(中国)有限公司马秀成主审。新疆交通职业技术学院的王东智、王德进、秦文斌及新疆星沃机械工程设备有限公司的杨东、赵林胜参与了教材的编写工作。在教材编写过程中,还得到了联合办学企业沃尔沃建筑设备投资(中国)有限公司、新疆星沃机械工程设备有限公司的大力支持,在此表示衷心的感谢。

　　由于编写水平有限,加之时间仓促,书中难免存在不妥和疏漏之处,敬请广大师生、业内专家及读者给予批评和指正,以便于今后逐步完善。

作　者
2017 年 5 月

目 录
CONTENTS

任务一 液压系统总体认知

一、学习目标

（1）能说出装载机、挖掘机液压系统的组成。

（2）认识液压系统各元件的外形，正确指认工程机械液压系统中各元件的位置。

（3）通过操作演示，理解液压系统的工作原理。

（4）遵循操作规程，强化安全意识。

（5）培养学生组织协调能力、团队合作能力，培养学生树立吃苦耐劳、勤奋工作的意识以及诚实守信的优秀品质。

二、实训设备及工具准备

（1）主要液压元件：液压泵、液压缸、液压马达、主控阀等。

（2）主要实训设备：THHEZZ-1 型装载机液压系统实训装置、挖掘机液压系统实训装置、装载机、挖掘机等。

三、相关知识

（一）液压系统的组成

液压系统是为了完成某种工作任务而由各具特定功能的液压元件组成的整体。任何一个液压系统总是由五部分组成，请填入表 1-1。

液压系统的组成部分 表 1-1

序　　号	液压系统的组成部分	各组成部分的功用
1		
2		
3		
4		
5		

（二）写出图 1-1 中所指液压元件的名称

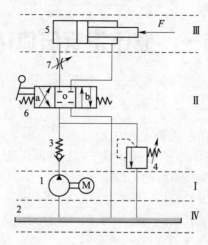

图 1-1　液压系统工作原理图

1. _____　2. _____　3. _____　4. _____
5. _____　6. _____　7. _____

（三）液压系统的工作原理

液压传动是用_____作为工作介质,通过_____元件将发动机的_____能转换为油液的_____能,通过_____、_____元件,借助_____元件将油液的_____能转换成_____能,驱动负载,实现直线或回转运动。

四、实践体验

（一）THHEZZ-1 型装载机液压系统实训装置

1. 认识 THHEZZ-1 型装载机液压系统实训装置

THHEZZ-1 型装载机液压系统实训装置主要由实训桌、电气控制部件(西门子 200 系列主机)、液压操控系统(由限压式变量叶片泵站、转斗油缸、举升油缸、带应急手柄的三位四通换向阀、直动式溢流阀、单向节流阀、叠加式液控单向阀等组成),可通过 PLC 控制电磁阀实现相关动作(面板上方形开关输入信号),也可以通过应急手柄进行手动操作。

本装置由液压驱动,具体如图 1-2 所示,写出各元件名称。

2. 操作 THHEZZ-1 型装载机液压系统实训装置

1) 注意事项

(1)在操作之前,操作臂动作范围之内请勿站人,以防误伤。

(2)观察油箱上的液位计,当油液充满刻度的 85% 时,为正常。否则,请旋下空气滤清器端盖,然后加入足够量的 32 号抗磨液压油。

(3)教师要监督实训人员,不应随意调整系统压力和系统单向节流阀,需要调整时根据实际情况在指导教师的监督下调整,调整完成后应及时调回初始状态。

(4)系统液压缸运行速度建议在手动状态下调节到实训要求即可,不需要重复调节。

（5）操作完成后，要及时关泵、关电，将直动式溢流阀手柄旋到最松，清理油污，要拔下电源插头，盖好防尘罩。

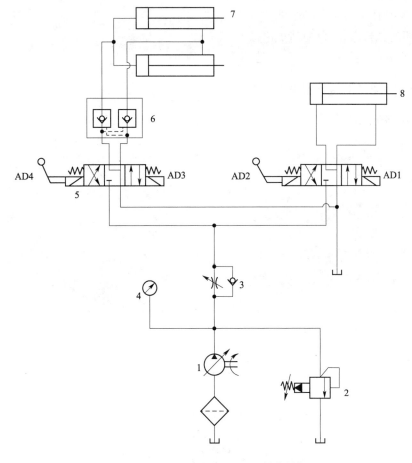

图 1-2　THHEZZ-1 型装载机液压系统实训装置

1. _____　2. _____　3. _____　4. _____

5. _____　6. _____　7. _____　8. _____

2）操作步骤

（1）将装载机实训模型中基础阀底座上最右边的直动式溢流阀逆时针旋至最松，再将装载机实训装置上的电源线插头线连接在有交流 380V 的电源插座上。给实训台上电，按下启动按钮，停止按钮灯灭，启动按钮灯亮（绿），电动机运转，此时顺时针调节直动式溢流阀的调压手柄，在旋到三四圈后压力表有显示，细听油泵运转的声音，如果声音流畅、无杂音，说明一切正常；反之，可能是泵的吸油口漏气，这时要观察 O 形圈有没有装配或者 O 形圈本身是否完好，再观察焊接处是否焊接牢固，是否有砂眼等。最后将压力调节到 4MPa（建议不超过此值）。

（2）将操作台上"控制方式"旋钮打向"手动"位置。分别进行手动操作各个机构，将单向节流阀开口调节到合适的位置，待各机构动作平稳，系统液压缸运行速度可以根据实训要求调节，即调节单向节流阀的开口大小来控制整个系统液压缸的运行速度。

手动操作：操作换向阀上的控制手柄时，要求动作要缓慢，扳动手柄时，角度要从小慢慢到大,使阀芯的开度从小到大,当发现系统油缸速度太快或太慢时,可相应调节右手边的单向节流阀阀口开度(顺时针调节时,阀口开度变小,即液压缸运行速度变慢;逆时针调节时,阀口开度变大,即液压缸运行速度变快),使油缸运动速度达到合理状态(设备在出厂前,各油缸速度按系统压力为4MPa时调定,无特殊要求时,请勿调节。如需调节,需在专业教师指导下完成,切勿私自操作,以免造成事故)。

动作过程根据实际操作观察,此处不再一一列举。

(二)认识液压系统各元件的外形

写出下面各元件的名称。

_____   _____

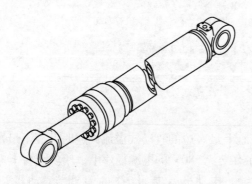 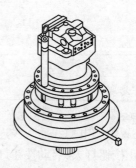

_____   _____

(三)正确指认工程机械液压系统中各元件的位置

1.明确挖掘机液压系统的组成

写出图1-3中所指各元件的名称。

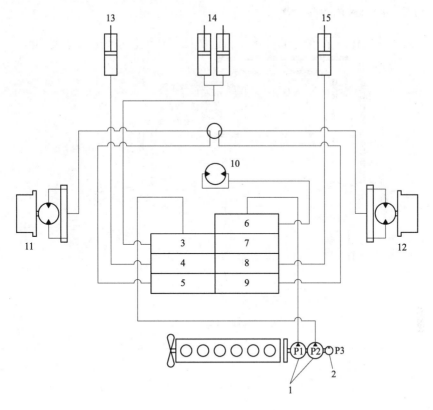

图 1-3 挖掘机液压系统示意图

1. _____ 2. _____ 3. _____ 4. _____
5. _____ 6. _____ 7. _____ 8. _____
9. _____ 10. _____ 11. _____ 12. _____
13. _____ 14. _____ 15. _____

2. 指出挖掘机液压系统的各组成元件（图 1-4）

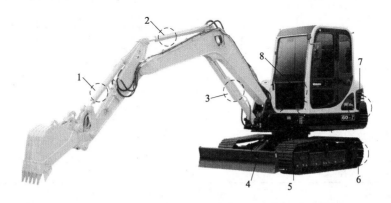

图 1-4 挖掘机

1. _____ 2. _____ 3. _____ 4. _____
5. _____ 6. _____ 7. _____ 8. _____

（四）挖掘机液压系统工作原理

观察挖掘机的操作演示,结合图1-5用自己的话叙述液压系统的工作原理。

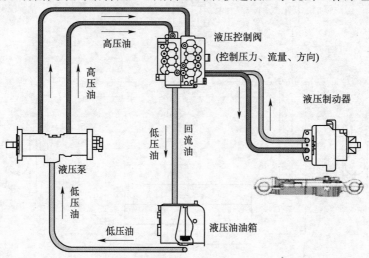

图 1-5　工程机械液压系统的工作过程

_____

_____

_____

_____

五、考核评价

1. 自评

工量具使用	A	B	C	D
技能操作	A	B	C	D
工单填写	A	B	C	D

2. 互评

工量具使用	A	B	C	D
技能操作	A	B	C	D
工单填写	A	B	C	D

3. 教师评价

工量具使用	A	B	C	D
技能操作	A	B	C	D
工单填写	A	B	C	D

评语:_____

_____

_____

学生成绩:_____

任务二 齿轮泵的构造认知

一、学习目标

（1）能正确使用外啮合齿轮泵拆装工具，熟练拆装外啮合齿轮泵。

（2）通过对外啮合齿轮泵的拆装，熟悉 CB-B 齿轮泵的结构，了解齿轮泵各零件功能、结构形状及其之间的装配关系和运动关系。

（3）理解齿轮泵的工作原理。

（4）遵循操作规程，强化安全意识。

（5）激发学生的学习兴趣，充分调动学生的主观能动性，培养自信心和职业精神。

二、实训设备及工具准备

（1）主要实训设备：THHPYZ-1 型液压元件拆装实验台。

（2）主要液压元件：CB-B 齿轮泵。

（3）主要实训工具：内六角扳手、活动扳手、螺丝刀等。

三、相关知识

（一）齿轮泵在机器中的作用

液压泵是液压系统的 _____ 元件，它将输入的 _____ 能转换为工作液体的 _____ 能，为液压系统提供具有一定压力的液体。

齿轮泵是液压泵的一种类型。因其具有 _____、_____、_____、_____、使用维护方便等优点而被广泛应用。

（二）齿轮泵的结构及工作原理

外啮合齿轮泵的结构如图 2-1 所示，写出对应零件的名称。

齿轮Ⅰ为主动轮，齿轮Ⅱ为从动轮。当齿轮Ⅰ转动并带动齿轮Ⅱ转动时，齿轮开始脱出啮合处为 _____ 油腔，齿轮开始进入啮合处为 _____ 油腔。吸油腔与压油腔被齿轮的啮合接触线隔开。随着齿轮的转动，吸油腔的容积 _____，形成局部真空，油箱中的液压油在大气压力的作用下进入吸油腔。随着齿轮的转动，压油腔的容积 _____，由吸油腔吸入并由轮齿带到压油腔的液压油压力升高，并不断排出，向系统提供具有一定压力的油液。

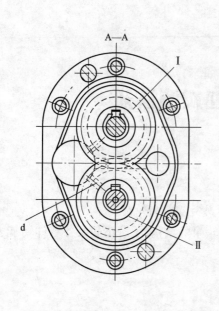
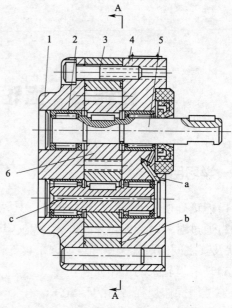

图 2-1 外啮合齿轮泵结构

1. _____ 2. _____ 3. _____ 4. _____
5. _____ 6. _____

（三）齿轮泵工作时应注意的问题（表 2-1）

齿轮泵工作时可能出现的问题   表 2-1

序 号	问 题	影 响	措 施
1	泄漏		
2	困油		
3	径向力不平衡		

四、实践体验

（一）外啮合齿轮泵的拆装注意事项

（1）拆装实验一定要在洁净的环境中进行。

（2）装配前，必须将各零件仔细清洗干净，用干净布擦去积油（勿用棉纱，以免线头掉入），不得有切屑磨粒或其他污物。

（3）拆装时元件要轻拿轻放，不能用金属物件敲打。

（4）拆卸过程中，遇到元件卡住的情况时，不要乱敲硬砸，请指导教师来解决。

（5）装配齿轮泵时，先将齿轮轴装在后泵盖的滚针轴承内，轻轻装上泵体和前泵盖，打紧定位销，拧紧螺栓，注意使其受力均匀。

（6）装配时，遵循先拆的部件后安装、后拆的零部件先安装的原则，安装完毕后应使泵转动灵活平稳，没有阻滞、卡死现象。

（二）CB-B 型齿轮泵的拆装

CB-B 型齿轮泵的实物如图 2-2、图 2-3 所示。

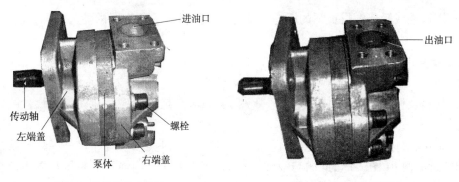

图 2-2　齿轮泵的主视图　　　　　图 2-3　齿轮泵的仰视图

CB-B 型齿轮泵分解图如图 2-4 所示。

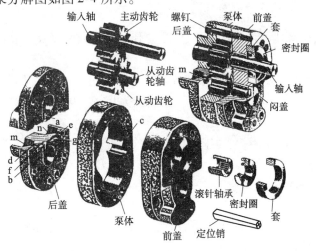

图 2-4　CB-B 型齿轮泵的分解图

1. 拆卸前准备工作

（1）清理外啮合齿轮泵的外表面,观察外部形状、_____片式的连接方式、螺钉及定位销数目(_____个)与位置、油口的位置和大小,确定进、出油口(大:_____油口,小:_____油口),记录铭牌标记_____。

（2）用手转动主动轴。体会转动的轻重、声音,正反向转动,体会齿轮泵啮合间隙。

2. 拆卸程序

（1）用内六角扳手对称松开(拧松之前在端盖与泵体的接合处做好记号)并拆下泵盖上的_____个紧固螺栓,连同垫圈一一拆下。

（2）用螺丝刀轻轻沿前端盖与泵体的接合面处将端盖撬松(注意:不要撬太深,以免划伤密封面,因密封主要靠两密封面的加工精度及泵体密封面上的卸油槽来实现的),拆下前端盖,取下密封胶圈,注意观察泵内结构及零件相互位置。

（3）用手转动主动轴,根据进、出油口的位置,确定输入轴齿轮工作的旋转方向(_____时针);观察密封容积大小的变化情况、困油密封容积和大小变化情况,找到困油卸荷槽的位置,明确其作用。

（4）检查泵体及两齿轮厚度之差,分析三者厚度相关尺寸对保证泵性能的重要性。

（5）将端盖板拆下,从泵体中取出主动齿轮、从动齿轮(取出前将主动齿轮、从动齿轮与对应位置做好记号),拆下后端盖,观察从动轴轴心的通孔、润滑油的流动通道、轴承状况。

(6)用煤油或轻柴油将拆下的所有零部件进行清洗并放于容器内妥善保管,以备检查和测量。

3. 主要零件分析

1)泵体

(1)材料及性能要求:泵体用_____制成,要求有足够的强度、刚度和耐磨性,内孔加工精度高才能保证齿轮转动的准确性。

(2)结构:泵体内表面呈_____字形,包容两齿轮,是密封容积的组成部分,泵体的两端面开有封油槽 d(图 2-1),此槽与吸油口相通,用来防止泵内油液从泵体与泵盖接合面外泄,泵体与齿顶圆的径向间隙为 0.13 ~ 0.16mm。

2)前后端盖

(1)材料:泵盖用_____制成。

(2)结构:用螺栓将其与泵体连成一体,主要作用是轴向密封及安装轴承。

3)油泵齿轮

油泵齿轮是泵油的主要零件,两齿轮精度及粗糙度的要求均高于普通传动齿轮。两个齿轮的齿数和模数都相等,齿轮与端盖间轴向间隙为 0.03 ~ 0.04mm,轴向间隙不可以调节。

4)端盖板

端盖板起_____的作用,在油压力作用下轴向浮动,补偿轴向间隙,端盖板内侧开有_____槽,用来消除困油。

4. CB-B 型齿轮泵的装配步骤

1)装配前准备工作

装配前将全部零件洗净擦干,所有油道要保证清洁畅通,用适当方法去除零件上的毛刺,消除划伤、磕碰等造成的损伤。

2)装配程序

(1)将啮合良好的主动齿轮、从动齿轮两轴装入左侧(非输出轴侧)端盖的轴承中,装上泵体,装复时应按拆卸时所作记号对应装入,切不可装反。

(2)装配密封件,其位置要正确,松紧合适。

(3)对准定位销与定位孔后,装右侧端盖,旋紧螺栓,应一边转动主动轴一边拧紧,并对称拧紧,以保证端面间隙均匀一致。注意:泵盖紧固螺栓应交替均匀拧紧,内六角螺栓头部不得凸出泵盖外端表面。

五、考核评价

1. 自评

工量具使用	A	B	C	D
技能操作	A	B	C	D
工单填写	A	B	C	D

2. 互评

工量具使用	A	B	C	D
技能操作	A	B	C	D
工单填写	A	B	C	D

3. 教师评价

工量具使用	A	B	C	D
技能操作	A	B	C	D
工单填写	A	B	C	D

评语:_____

_____

_____

学生成绩:_____

任务三　叶片泵的构造认知

一、学习目标

（1）明确单作用叶片泵与双作用叶片泵的区别。

（2）能正确使用拆装工具，熟练拆装叶片泵。

（3）通过对叶片泵的拆装，熟悉叶片泵的结构，了解叶片泵各零件功能、结构形状及其之间的装配关系和运动关系。

（4）理解叶片泵的工作原理。

（5）遵循操作规程，强化安全意识。

（6）激发学生的学习兴趣，充分调动学生的主观能动性，培养自信心和职业精神。

二、实训设备及工具准备

（1）主要实训设备：THHPYZ-1 型液压元件拆装试验台。

（2）主要液压元件：单作用变量叶片泵、双作用叶片泵。

（3）主要实训工具：内六角扳手、固定扳手、螺丝刀、卡簧钳等。

三、相关知识

（一）叶片泵的分类与组成

1. 叶片泵的分类

根据各密封工作容积在转子旋转一周时，完成吸排油次数的不同，可分为两类：即完成一次吸排油的＿＿＿＿＿叶片泵、完成两次吸排油的＿＿＿＿＿叶片泵。

写出图 3-1 中叶片泵的名称。

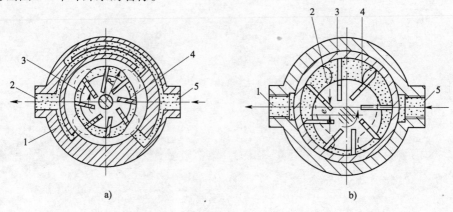

图 3-1　叶片泵

a）：

1. _____ 2. _____

3. _____ 4. _____

5. _____

b）：

1. _____ 2. _____

3. _____ 4. _____

5. _____

2.叶片泵的组成

根据叶片泵的结构（图3-2），写出它的主要组成零件名称。

图3-2　叶片泵的结构

1. _____ 2. _____ 3. _____ 4. _____

5. _____ 6. _____ 7. _____ 8. _____

（二）根据图3-3所示说出叶片泵的工作原理

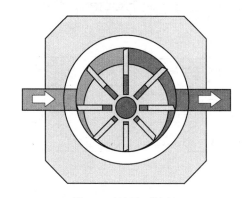

图3-3　叶片泵工作原理

当_____回转时，_____靠自身的离心力贴紧_____的内表面，并在_____槽里做往复运动。_____、_____、_____和_____间形成了若干个密封工作容积。当发动机带动_____按顺时针方向旋转时，左边的_____逐渐伸出，相邻两叶片间的空间容积逐渐增大，形成局部真空，从吸油口吸油；右边的_____被_____的内表面逐渐压进槽内，两相邻_____间的空间容积逐渐减小，将工作油液从压油口压出。

四、实践体验

（一）叶片泵拆装注意事项

（1）拆装试验一定要在洁净的环境中进行。

（2）装配前，必须将各零件仔细清洗干净，用干净布擦去积油（勿用棉纱，以免线头掉入），不得有切屑磨粒或其他污物。

（3）拆装时元件要轻拿轻放，不能用金属物件敲打。

（4）拆卸过程中，遇到元件卡住的情况时，不要乱敲硬砸，请指导教师来解决。

（5）装配时，按拆卸的反顺序组装，正确合理地安装，注意配流盘、定子、转子、叶片应保持正确装配方向，叶片在槽内滑动轻松，各处密封正常，防止密封件翻转、歪斜、破损，对称均匀紧固螺钉。安装完毕后应使泵传动轴转动灵活，无卡、擦等不正常现象。

（6）叶片在转子槽内，配合间隙为 0.015～0.025mm；叶片高度略低于转子的高度，其值为 0.005mm。

（二）YBX 限压式变量叶片泵的拆装

型号：YBX 限压式变量叶片泵，是单作用变量叶片泵。

结构：如图 3-4 所示。

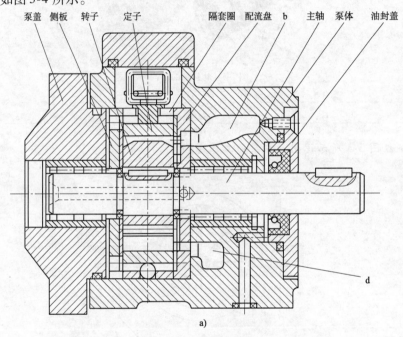

a)

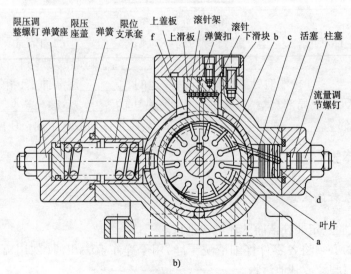

b)

图 3-4　YBX 限压式变量叶片泵的结构

YBX 限压式变量叶片泵的分解图如图 3-5、图 3-6 所示。

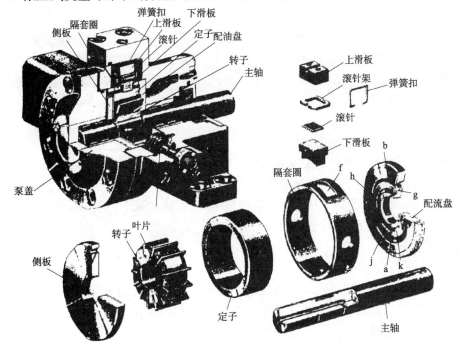

图 3-5 YBX 系列泵的主体部分分解图

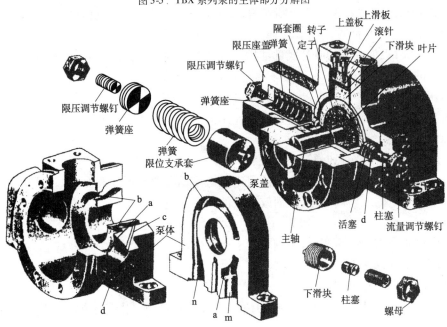

图 3-6 YBX 系列泵的变量部分分解图

1. 拆卸前准备工作

观察叶片泵的外部形状、记录铭牌标记_____;用手转动传动轴,体会转动的轻重,观察泵体上的两个油口,确定吸油口和压油口,并作记号。

2. 拆卸程序

(1)松开限压座盖固定螺钉,依次取出限压座盖、调压螺钉、弹簧座、弹簧、限位支承套。

（2）松开活塞压盖固定螺钉，依次取出活塞压盖、活塞。

（3）松开上盖板固定螺钉，拆下滑块压盖，取出上滑块、滚针、下滑块。

（4）松开传动轴左右端盖固定螺钉（拧松之前在端盖与泵体的接合处作上记号），拆下传动轴左右端盖，取出侧板、定子、转子传动轴组件、隔套圈、配流盘、定位销。

此过程中注意观察以下结构：

①观察叶片的安装位置及运动情况。

②单作用式变量叶片泵定子内孔形状（＿＿＿＿＿＿＿＿＿＿＿＿＿＿＿＿＿＿＿＿＿＿＿＿）。

③观察定子与转子是否同心（＿＿＿＿＿＿＿＿＿＿＿＿＿＿＿＿＿＿＿＿＿＿＿＿）。

④观察配流盘的形状并分析配流盘的作用（＿＿＿＿＿＿＿＿＿＿＿＿＿＿＿＿＿＿＿）。

⑤如何调定泵的限定压力和偏心量（＿＿＿＿＿＿＿＿＿＿＿＿＿＿＿＿＿＿＿＿＿）。

（5）分解转子传动轴总成。用专用卡簧钳取下卡簧，依次取下转子叶片总成（注意叶片尽量不要与转子分离）、平键、转子传动轴。

3. 主要零件分析

1）定子、转子与叶片

定子的内表面和转子的外表面是圆柱面。转子中心固定，定子中心可以左右移动。定子径向开有条槽可以安置叶片。该泵共有＿＿＿＿＿＿＿个叶片，叶片后倾角为＿＿＿＿＿＿＿，利于叶片在惯性力作用下向外伸出。

2）配流盘

如图3-5所示，配流盘上有4个圆弧槽，其中a为压油窗口，c为吸油窗口，b和d是通叶片底部的油槽。a与b接通，c与d接通（图3-4）。这样可以保证，压油腔一侧的叶片底部油槽和压油腔相通，吸油腔侧的叶片底部油槽与吸油腔相通，保持叶片的底部和顶部所受的液压力是平衡的。

3）滑块

用来支持定子，并承受压力油对定子的作用力。

4）压力调节装置

由调压弹簧、调压螺钉和弹簧座组成。

调节弹簧的预压缩量，可以改变泵的限定压力。调节螺钉可以改变活塞的原始位置，也改变了定子与转子的原始偏心量，从而改变泵的最大流量。

5）活塞

泵的出口压力作用在活塞上，活塞对定子产生反馈力。

4. YBX 限压式变量叶片泵的装配

1）装配前准备工作

装配前将全部零件洗净擦干，所有油道要保证清洁畅通，用适当方法去除零件上的毛刺，消除划伤、磕碰等造成的损伤。

2）装配程序

（1）按记号将泵体与泵体前端盖装在一起，拧入固定螺钉。

（2）将配流盘装入泵体，装入配流盘与泵体的定位销。

（3）装配转子传动轴组件，将平键装入转子传动轴，依次装入转子叶片总成，用卡簧钳装入转子轴向定位卡簧。

（4）将隔套圈装入泵体，注意隔套圈位置。

（5）将侧板装入泵体。

（6）按记号将后端盖与泵体装在一起，拧入固定螺钉。

（7）依次装下滑块、滚针、上滑块、上盖板，拧入上盖板固定螺钉。

（8）依次装入活塞、活塞压盖，拧入活塞盖固定螺钉。

（9）依次装入限位支承套、弹簧、弹簧座、限压座盖，拧入限压座盖固定螺钉。

（三）YB1 型叶片泵的拆装

型号：YB1 型叶片泵，是双作用叶片泵。

结构：如图 3-7 所示。

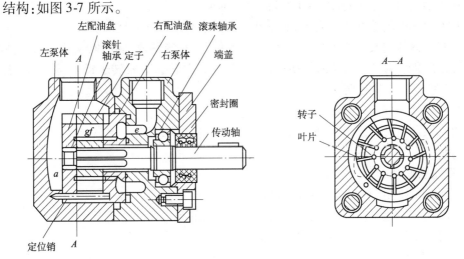

图 3-7　YB1 型叶片泵结构

YB1 型叶片泵的分解图如图 3-8 所示。

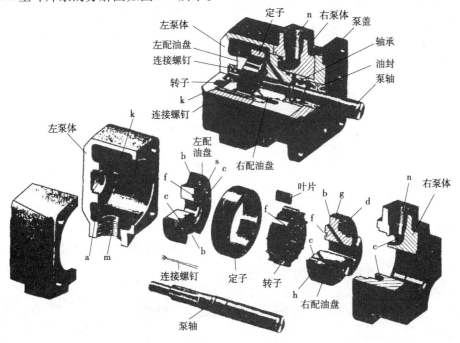

图 3-8　YB1 型叶片泵的分解图

1. 拆卸前准备工作

观察叶片泵的外部形状、记录铭牌标记＿＿＿＿＿＿＿＿＿；用手转动传动轴,体会转动的轻重,观察泵体上的两个油口,确定吸油口和压油口,并作记号。

2. 拆卸程序

(1)对称松开并拆下左、右泵体上的固定螺钉,将油泵翻转,放在铺有干净布垫的工作台面上,使左泵体在下,右泵体在上。

(2)用木锤轻击右泵体并正反方向旋转,边转边往外拉,拆下右泵体。

(3)松开泵盖与右泵体的固定螺钉,拆下泵盖,用专用工具取出油封。

(4)用卡簧钳拆下轴承挡圈,拆下泵轴,取出轴承。

(5)将右泵体翻转放在工作台上,观察其上的油道与油口连通情况。

(6)观察左泵体内泵芯组件(由左、右配流盘和定子、转子及其叶片、两只螺钉组成)的安装位置,分析其结构、特点,装入传动轴,理解工作过程,注意观察转子每一周、每个密封工作腔如何实现吸油、压油各两次。

(7)从左泵体内取出泵芯组件。

(8)拆卸泵芯组件。拔出传动轴,松开固定螺钉,依次取下左配流盘、定子、转子及其叶片、右配流盘。

此过程注意观察:

①定子内曲线的组成,记录叶片的数目＿＿＿＿＿＿,叶片倾角方向＿＿＿＿＿＿。

②配流盘上环形槽、吸油窗口、压油窗口及三角槽的布置及互通情况。

(9)拆卸后清洗、检验、分析,准备装配。

3. 主要零件分析

1)配流盘

配流盘结构如图3-9所示。分为浮动配流盘和固定配流盘,它们为高低压油提供通道,浮动配流盘还起补偿轴向间隙的作用。

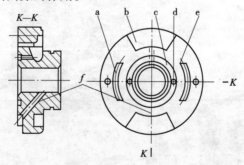

图3-9　配流盘结构示意图

2)定子

定子是围成密封容积的主要零件之一,双作用叶片泵的定子内表面由过渡区四条圆弧、工作区四条等加速等减速曲线首尾连接组成。

3)转子

转子把机械能转变成液体压力能的重要零件,比定子稍薄。

4)叶片

叶片起分隔密封容积、使其大小可以改变的作用,几何精度及表面粗糙度要求较高。该泵共有_____个叶片,流量脉动较偶数小。叶片安放角为_____°(按转子旋转方向前倾,注意与单作用叶片泵比较)。

5)泵体

泵体支承整个油泵。油泵工作时,泵体大部分部位因承受油压而产生很大拉应力,要有足够的强度和刚度。

4. YB1 型叶片泵的装配步骤

1)装配前准备工作

装配前将全部零件洗净擦干,所有油道要保证清洁畅通,用适当方法去除零件上的毛刺,消除划伤、磕碰等造成的损伤。

2)装配程序

(1)将泵芯组件(左配流盘、定子、转子及其叶片、右配流盘)按标记装配在一起,拧入固定螺钉。

(2)将轴承、油封、泵轴依次装入泵盖,拧入泵盖与右泵体固定螺钉。

(3)将泵芯组件装入左泵体,装上右泵体与泵盖,拧入并旋紧泵体固定螺钉。

五、考核评价

1. 自评

工量具使用	A	B	C	D
技能操作	A	B	C	D
工单填写	A	B	C	D

2. 互评

工量具使用	A	B	C	D
技能操作	A	B	C	D
工单填写	A	B	C	D

3. 教师评价

工量具使用	A	B	C	D
技能操作	A	B	C	D
工单填写	A	B	C	D

评语:_____

_____

_____

学生成绩:_____

任务四　柱塞泵的构造认知

一、学习目标

(1)能正确使用拆装工具,熟练拆装柱塞泵。

(2)通过对柱塞泵的拆装,熟悉柱塞泵的结构,了解柱塞泵各零件功能、结构形状及其之间的装配关系和运动关系。

(3)理解柱塞泵的工作原理。

(4)遵循操作规程,强化安全意识。

(5)激发学生的学习兴趣,充分调动学生的主观能动性,培养自信心和职业精神。

二、实训设备及工具准备

(1)主要实训设备:THHPYZ-1 型液压元件拆装试验台。

(2)主要液压元件:轴向变量柱塞泵。

(3)主要实训工具:内六角扳手(2～22mm)、开口扳手、套筒(17mm、19mm、22mm、24mm、27mm、30mm、36mm、41mm、50mm、55mm 等)、其他中等尺寸的活动扳手、一字螺丝刀、锤子、卡簧钳、铜棒、扭力扳手等。

三、相关知识

(一)柱塞泵的分类与组成

1. 柱塞泵的分类

柱塞泵通常按其柱塞的排列方式不同,分为两大类,即_____柱塞泵和_____柱塞泵。

2. 柱塞泵的组成

写出图 4-1、图 4-2 中所指零件的名称。

图 4-1　柱塞泵零件

1._____　　2._____　　3._____　　4._____

5._____　　6._____　　7._____

20

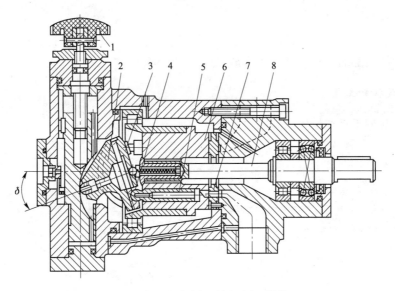

图 4-2　斜盘式手动变量轴向柱塞泵结构

1. _____　　2. _____　　3. _____　　4. _____
5. _____　　6. _____　　7. _____　　8. _____

（二）说出柱塞泵的工作原理

柱塞泵是通过柱塞在柱塞孔内往复运动时密封工作容积的变化来实现_____和_____的。由于柱塞与缸体内孔均为圆柱表面,滑动表面配合精度高,所以这类泵的特点是_____,容积效率_____,可以在高压下工作。

当传动轴按顺时针方向旋转时,柱塞在其沿斜盘自下而上回转的半周内,在弹簧作用下逐渐向缸体外伸出,使缸体孔内密封容积不断_____,产生局部真空,从而将油液经配流盘上的进油窗口_____;柱塞在其自上而下回转的半周内又被斜盘逐渐向里推入,使密封工作腔容积_____,将油液从_____油口向外排出,缸体每转一转,每个柱塞往复运动_____,完成_____吸排油动作。

改变斜盘的_____,就可以改变密封工作容积的_____,实现泵的变量。

斜盘式轴向柱塞泵的工作原理如图 4-3 所示。

图 4-3　斜盘式轴向柱塞泵的工作原理

四、实践体验

（一）对油泵解体之前的注意事项

（1）在拆卸前清理、擦干净工作台（最好放在铺有橡胶垫的工作台上,以防部件被碰伤),并彻底清洁油泵外部。

(2)在油泵壳体各接合部件做相应的标记,以便重新装配时能找准正确位置。

(3)对壳体内部的所有组件用清洁剂或汽油彻底清洗。

(二)油泵拆卸工作

YCYl4-1 B型手动变量轴向柱塞泵的分解图如图4-4、图4-5所示。

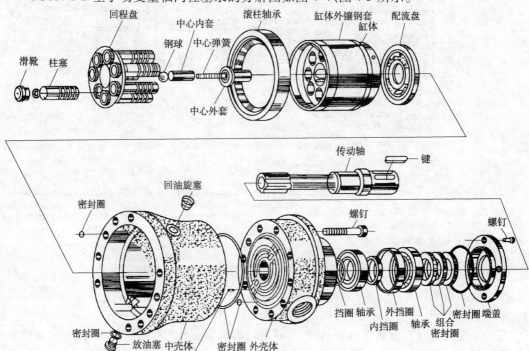

图4-4　YCYl4-1B型手动变量轴向柱塞泵主体部分分解图

松开变量机构与泵的主体部分固定螺钉,将泵分开为泵的_____和_____两部分。

1.拆卸主体部分

(1)做好标记,从缸体孔中取下柱塞与滑靴组件、回程盘,按顺序放好。

(2)取出钢球、内套、中心弹簧及中心外套。

(3)取下缸体。

(4)取出配流盘。要注意配流盘盘面缺口槽对应的定位销位置。

(5)拆下连接螺钉,将外壳体与中壳体分开。将滚柱轴承外圈从中壳体孔中取出。

注意取滚柱轴承外圈时应采用轴承拉器。

(6)拆下前端盖固定螺钉,取下前壳体上的端盖,取下O形圈、组合密封圈、传动轴总成。

(7)拆卸传动轴总成。拆开弹性挡圈,依次取下传动轴上的轴承、内外隔圈、轴承。

2.拆卸变量机构

(1)将推力板、变量头从变量壳体上取下。

(2)拆下固定下法兰盘固定螺钉,取下下法兰及止回阀组件。

(3)拆下上法兰盘固定螺钉,取下上法兰、限位螺杆、调节套筒,取出内外弹簧等。

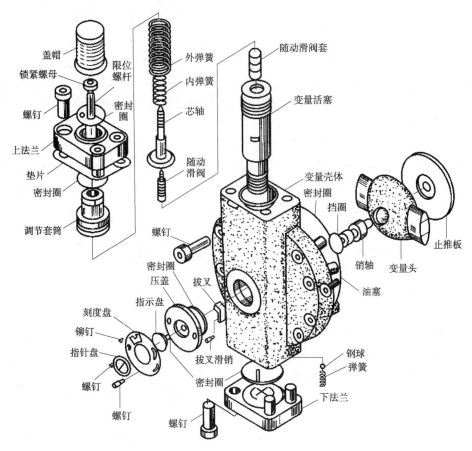

图 4-5 YCY14-1B 型手动变量轴向柱塞泵压力补偿变量机构分解图

（4）拆卸流量指示盘组件。

（5）拆下拨叉滑销、随动滑阀组件及变量活塞。

（6）将芯轴、随动滑阀从变量活塞中取出，并将其分解。

3. 主要零部件分析

1）配流盘

配流盘是轴向柱塞泵的重要零件，它的作用是_____油液，帮助轴向柱塞泵完成吸、排油任务。YCY14-1B 型斜盘式轴向柱塞泵采用平面配流盘，配流盘上开有两条_____型配流窗口，分别为_____窗口与_____窗口。

2）柱塞与滑履（滑靴）

为改善柱塞与斜盘接触性能，通常采用滑履结构（图 4-6）。柱塞的球头与滑履铰接，中心弹簧通过钢球、回程盘带动滑履压向斜盘的表面。柱塞在缸体内做往复运动，并随缸体一起转动。滑履随柱塞做轴向运动，并在斜盘的作用下绕柱塞球头中心摆动，使滑履平面与斜盘斜面贴合。柱塞和滑履中心开有直径 1mm 的小孔，缸中的压力油可进入柱塞和滑履、滑履和斜盘间的相对滑动表面，形成油膜，起静压支承作用，减小这些零件的磨损，如图 4-7

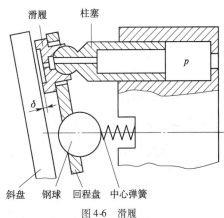

图 4-6 滑履

23

所示。

3)中心弹簧机构

中心弹簧,通过内套、钢球和回程盘将滑履压向斜盘,使活塞得到回程运动,从而使泵具有较好的自吸能力。同时,弹簧又通过外套使缸体紧贴配流盘,以保证泵启动时基本无泄漏。

4)缸体

缸体用铝青铜制成,缸体沿圆周均匀分布着与柱塞相配合的柱塞孔,其加工精度很高。柱塞孔既是柱塞往复运动和液压油进出的通道,又靠与柱塞的配合组成密封容积,故要求有良好的密封性能。缸体中心开有花键孔,与传动轴相配合。缸体右端面与配流盘相配合。缸体外表面镶有钢套并装在滚动轴承上。

5)泵体

泵体是整个泵的支承零件,承受很大振动和压力油产生的拉应力。

6)滚动轴承

滚动轴承用来承受斜盘作用在缸体上的径向力。

7)变量机构

_____装在变量壳体内,并与螺杆相连,它是变量的动力元件。斜盘是改变流量的关键零件,承受较大的轴向力,因此要求刚性好,设计成半球形。斜盘前后有两根耳轴支承在变量壳体上,并可绕耳轴中心线摆动。斜盘中部装有销轴,其左侧球头插入变量活塞的孔内。转动手轮,螺杆带动变量活塞上下移动,通过销轴使斜盘摆动,从而改变了斜盘_____,达到_____目的(图4-8)。

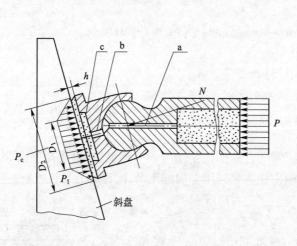

图4-7 滑靴的结构和工作原理

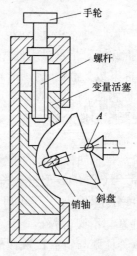

图4-8 手动变量机构

(三)油泵的装配

1. 主体部分的装配顺序

(1)装配传动轴部件。将两只小轴承、内外隔圈装于传动轴轴颈部位,并用弹性挡圈锁牢。

注意应当在压力机上将轴承压入传动轴。

(2)传动轴与外壳体(泵体)的装配。将传动轴部件在压力机上压入外壳孔中,在外壳体外端面上装上油封、小压盖,旋入螺钉并拧紧。

(3)对接外壳体与中壳体,使传动轴伸出端向下,竖直安放外壳体,并用圆环物或高垫块垫置稳固,用螺钉对接两壳体。将滚柱轴承外圈压入中壳体孔中。

注意外壳体与中壳体之间的油道需对正,流柱轴承外圈压入中壳体孔中要采用压力机。

(4)安放配流盘。要注意配流盘盘面缺口槽对应的定位销位置。

(5)将缸体安放到中壳体。安放过程中应当转动缸体,使其进入中壳体(泵壳)内的轴承外圈孔中,安放到位。

(6)依次放入中心外套、中心弹簧、内套及钢球。

(7)将柱塞、滑靴组按顺序置于回程盘上,然后垂直地按柱塞对号放入缸体孔内。

2. 压力补偿变量机构的装配顺序

(1)装配变量活塞组件。将芯轴、随动滑阀组合在一起,并将其装入变量活塞。

(2)将变量壳体(与中壳体相接的)端面向上水平安放,自上而下缓慢放入变量活塞组件。

注意:在完成本步骤装配之前应当将变量头、变量头销轴与变量活塞相互套装在变量壳体中,检查在摆动范围内有无卡阻,斜倾角度是否正确,配合若不松动,可再取下变量头、变量头销轴后继续往下装配。

(3)装配流量指示盘组件。将指示盘穿过压盖的内孔,用连接锁与拨叉组装后,一齐装入变量壳体的孔内,并把拨叉口横向安放。

(4)在变量活塞上装入并旋紧拨叉滑销螺钉,然后转动变量活塞,使滑销螺钉滑入拨叉的叉槽内。

(5)在芯轴上放入内外弹簧,将组合套筒旋进上法兰并处于最上面位置,然后将上法兰与变量壳体连接,并注意有关密封圈与垫片不使其遗落或损坏,装上限位螺钉等附件。

(6)装配止回阀组件和下法兰。

注意:将下法兰上的油道孔与变量壳体上的油道孔对正。

(7)将变量头、推力板置于竖直安放的油泵主体的回程盘上。

(8)合装主体与变量机构。将变量部分扣于泵的主体部分上,并用干净扁铁条使变量头销轴滑入变量活塞的相应孔中。

(9)旋紧螺钉时,一边转动传动轴,一边均匀坚固,应做到转动灵活。

五、考核评价

1. 自评

工量具使用	A	B	C	D
技能操作	A	B	C	D
工单填写	A	B	C	D

2. 互评

工量具使用	A	B	C	D
技能操作	A	B	C	D
工单填写	A	B	C	D

3. 教师评价

工量具使用	A	B	C	D
技能操作	A	B	C	D
工单填写	A	B	C	D

评语：_____

_____

_____

学生成绩：_____

任务五　VOLVO挖掘机主泵的构造认知

一、学习目标

（1）能正确使用拆装工具，熟练拆装VOLVO主泵。

（2）通过对VOLVO主泵的拆装，熟悉VOLVO主泵的结构，了解VOLVO主泵各零件功能、结构形状及其之间的装配关系和运动关系。

（3）理解VOLVO主泵的工作原理。

（4）遵循操作规程，强化安全意识。

（5）激发学生的学习兴趣，充分调动学生的主观能动性，培养自信心和职业精神。

二、实训设备及工具准备

（1）主要液压元件：VOLVO EC210BP机型液压泵。

（2）工具准备见表5-1。

实训工具准备　　　　　　　　　　　　　表5-1

工具	尺寸	必要工具（用 * 号标记）				说　　　明			
		油泵类型							
名称	B(mm)	K3V63	K3V112	K3V140	K3V180	螺栓	PT塞	PO塞	设定螺栓
内六角扳手 B	2								M4
	2.5								M5
	3								M6
	4	*	*	*	*	M5	BP-1/16		M8
	5	*	*	*	*	M6	BP-1/8		M10
	6	*	*	*	*	M8	BP-1/4	PO-1/4	M12、M14
	8	*	*	*	*	M10	BP-3/8	PO-3/8	M16、M18
	10					M12	BP-1/2	PO-1/2	M20
	12					M14			
	14	*				M16、M18	BP-3/4	PO-3/4	
	17		*	*	*	M20、M22	BP-1	PO-1, 1/4,1 1/2	
	19					M24、M27			
	22					M30		PO-2	

工具	尺寸	必要工具(用 *号标记)				说　明			
		油泵类型							
名称	B(mm)	K3V 63	K3V 112	K3V 140	K3V 180	螺栓	PT 塞	PO 塞	设定螺栓
箱端扳手、插孔开口端扳手 *B*	19	*	*	*	*	M12	N12	VP-1/4	
	22							VP-3/8	
	24		*	*	*	M16	M16		
	27	*		*	*	M18	M18	VP-1/2	
	30		*	*	*	M20	M20		
	36		*	*	*			VP-3/4	
	41							VP-1	
	50							VP-11/4	
	55							VP-11/2	
活动扳手		*	*	*	*	中等尺寸			
螺丝刀		*	*	*	*	一字螺丝刀,中等尺寸,2 套			
破碎锤		*	*	*	*	塑料锤			
钳子		*	*	*	*	用于卡环,TSR-160			
铜棒		*	*	*	*	大约为 10mm×8mm×200mm			
扭力扳手		*	*	*	*	能拧紧到额定力矩			

图 5-1　主泵外形

三、相关知识

(一)VOLVO 挖掘机主泵分类和规格

主泵的作用是将发动机的机械能转换成液压油的压力能,它在整个液压系统中提供动力,主泵外形如图 5-1 所示。

VOLVO 主泵规格(以 EC210BP 为例)如表 5-2 所示,指出型号中各字母(或数字)所代表的含义。

型号中各字母(或数字)的含义　　　　表 5-2

K3V - 112 - DT - 112 - R - 9NOA	
K3V	
112	
DT	

K3V - 112 - DT - 112 - R - 9NOA	
112	
R	
9NOA	

（二）写出图 **5-2** 中所指元件名称

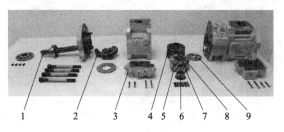

图 5-2　主泵分解图

1. _____　2. _____　3. _____　4. _____

5. _____　6. _____　7. _____　8. _____

9. _____

（三）指出图 **5-3** 中所指螺栓和油口名称（表 5-3）

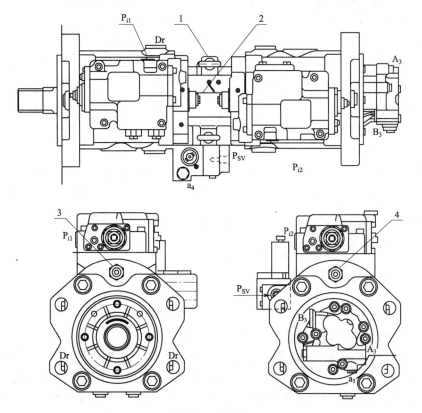

图 5-3　主泵结构

1. _____　2. _____　3. _____　4. _____

填写油口名称 表5-3

字　　母	油口名称	字　　母	油口名称
A_1、A_2		a_1、a_2	
B_1		a_3、a_4	
D_r		A_3	
P_{i1}、P_{i2}		B_3	
P_{sv}			

（四）说出主泵的变量原理

主泵原理图如图5-4所示。

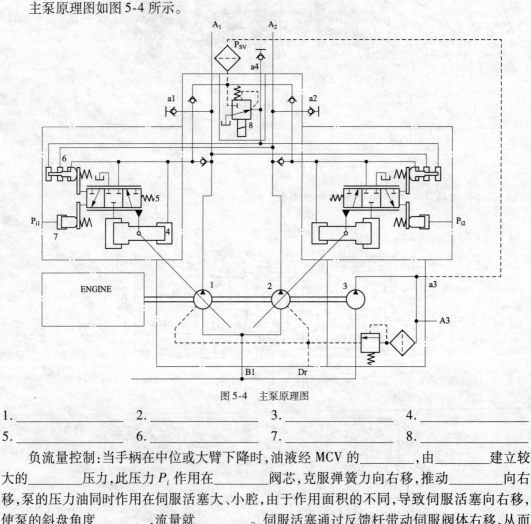

图5-4　主泵原理图

1. ＿＿＿＿＿＿　　　2. ＿＿＿＿＿＿　　　3. ＿＿＿＿＿＿　　　4. ＿＿＿＿＿＿

5. ＿＿＿＿＿＿　　　6. ＿＿＿＿＿＿　　　7. ＿＿＿＿＿＿　　　8. ＿＿＿＿＿＿

　　负流量控制：当手柄在中位或大臂下降时，油液经 MCV 的＿＿＿＿＿＿，由＿＿＿＿＿＿建立较大的＿＿＿＿＿＿压力，此压力 P_i 作用在＿＿＿＿＿＿阀芯，克服弹簧力向右移，推动＿＿＿＿＿＿向右移，泵的压力油同时作用在伺服活塞大、小腔，由于作用面积的不同，导致伺服活塞向右移，使泵的斜盘角度＿＿＿＿＿＿，流量就＿＿＿＿＿＿。伺服活塞通过反馈杆带动伺服阀体右移，从而使泵的斜盘角度可以按照先导操作手柄的行程停在任意位置。

　　全功率控制：当外部负载增加时，泵的输油压力会随负载的增加而＿＿＿＿＿＿，增大的泵输油压力油同时作用在＿＿＿＿＿＿上，克服弹簧力推动＿＿＿＿＿＿移动，使得泵输油压力同时作用在伺服活塞大、小腔，由于作用面积的不同，导致伺服活塞移动，使泵的斜盘角度＿＿＿＿＿＿，流量就＿＿＿＿＿＿。当输油压力减小时，泵的流量就＿＿＿＿＿＿，使泵的利用功率保持恒定。

　　功率切换控制：当 VECU 感应到发动机转速下降时，VECU＿＿＿＿＿＿比例电磁阀的电流,使比例电磁阀输出的二次先导控制压力_____,比例电磁阀的压力油作用在载荷活塞上,比例电磁阀的压力小,但其作用面积大,克服弹簧力向_____移,推动伺服阀芯向_____移,使得泵输油压力同时作用在伺服活塞大、小腔,由于作用面积的不同,导致伺服活塞移动,使泵的斜盘角度_____,流量就_____。从而控制了泵的利用功率,使泵的利用功率与发动机在不同模式下输出的功率相匹配。

四、实践体验

主泵剖面图如图 5-5 所示,主泵零件图如图 5-6 所示。

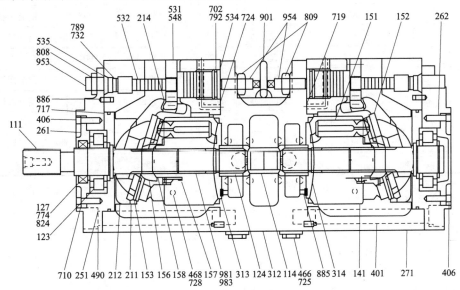

图 5-5　主泵剖面图

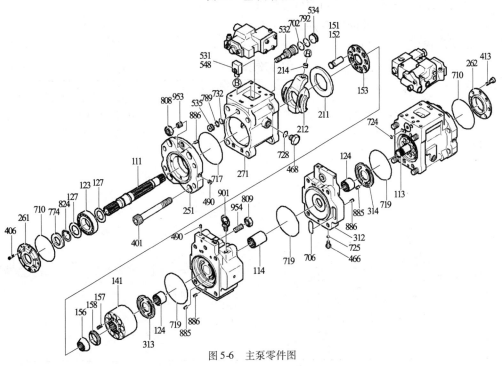

图 5-6　主泵零件图

图5-5、图5-6零件注解见表5-4。

零件注解   表5-4

111	传动轴	212	斜盘	531	倾斜销	774	油封
113	传动轴	214	倾斜衬套	532	伺服活塞	789	支撑环
114	花键联轴器	251	斜盘支撑	534	限位块	792	支撑环
123	轴承	261	密封盖	535	限位块	808	锁定螺母
124	轴承	262	密封盖	548	反馈销	809	锁定螺母
127	轴承隔离件	271	油泵壳体	702	O形圈	824	卡环
141	油缸体组件	312	阀块	710	O形圈	885	配流盘销
151	柱塞	313	配流盘	717	O形圈	886	弹簧销
152	滑靴	314	配流盘	719	O形圈	901	吊环螺栓
153	设定板	401	螺栓	724	O形圈	953	调节螺栓
156	球面衬套	406	螺栓	725	O形圈	954	调节螺栓
157	油缸体弹簧	466	P_v螺堵	728	O形圈	981	铭牌
158	垫片	468	P_v螺堵	732	O形圈	983	销
211	包角板	490	塞子				

（一）油泵拆卸

1. 准备工作

（1）在拆卸前彻底清洁油泵组件。

（2）选择一个清洁的工作场地。

（3）在油泵壳体部件和调节器上做相应标记，以便重新装配时能指出正确位置。

（4）不要混杂前后油泵的不同部件。

（5）彻底清洁壳体内部的所有部件。

2. 操作过程（见表5-5）

油泵拆卸操作过程   表5-5

序号	操作步骤	示意图	注意事项
1	选择一个合适拆卸的场所，用清洁剂去除油泵表面的灰尘、铁锈等		在工作台上铺开一块橡胶垫或布，以防部件被碰伤
2	拆掉排油节门塞（467），将机油排出油泵壳体		
3	拆除螺栓（412,413），并拆卸调节器	拆卸调节器	标记好每一个调节器和相对的泵

序号	操作步骤	示意图	注意事项
4	拆除固定旋转斜盘支撑(251)、油泵壳体(271)和阀门限位块(312)的螺栓(401)		如果有一个驱动齿轮泵安装在油泵后面,在开始此操作前就拆掉
5	将油泵平放在一个工作台上,让调节器座表面朝下,将油泵壳体(271)从阀体(312)分开	 拆卸油泵壳体	在工作台上铺开一块橡胶垫,以防该表面被碰伤
6	将油缸(141)越过驱动轴(111)从油泵壳体(271)直接拉出。同时拉出活塞(151)、设定板(153)、球面衬套(156)以及油缸弹簧(157)	 拆卸油缸	(1)注意不要损伤油缸、球面轴瓦、包脚和旋转斜盘等的滑动表面; (2)在活塞以及各个油缸孔上做标记。由于磨损方式,活塞应该都装回同一油缸孔
7	拆除螺钉(406)与前封盖(261)	 拆卸密封盖	(1)将螺钉装入封盖(F)的拉出销孔(M6),这样可使的封盖容易拆下; (2)因为封盖上装有一个油封,在拆卸时要注意不损坏该油封
8	拆除螺钉(408)		
9	轻轻敲打油泵壳体侧旋转斜盘(251)的凸缘部分,以使旋转斜盘支撑从油泵壳体(271)上分开	 敲击旋转斜盘支撑	

33

序号	操作步骤	示意图	注意事项
10	将包脚板(211)和旋转斜盘(212)从油泵壳体(271)上拆下	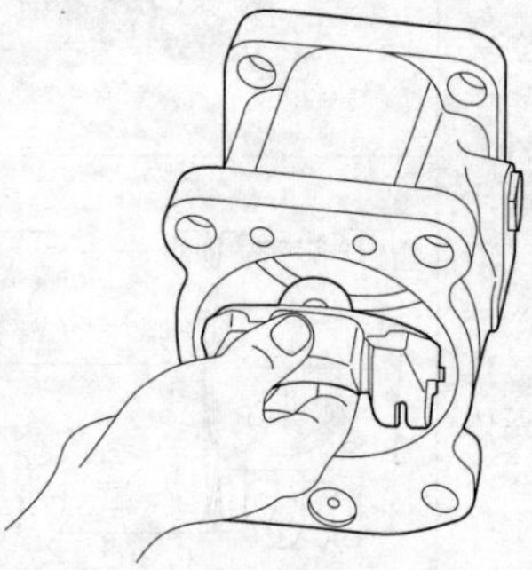 拆卸包角板和旋转斜盘	
11	用一把塑料锤轻轻敲打驱动轴(111,113)的端部,将其从旋转斜盘支座上拆下	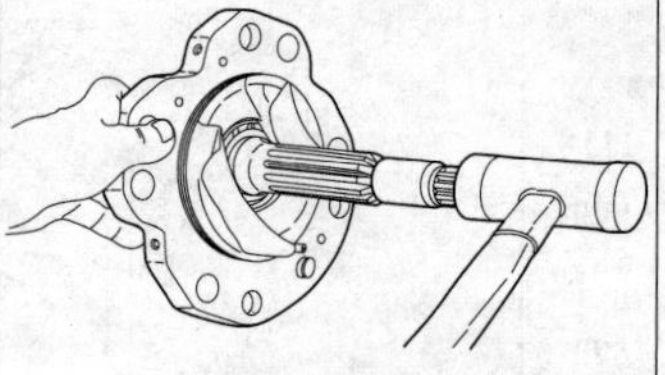 拆除驱动轴	
12	从阀门限位块(312)上拆下阀板(313,314)	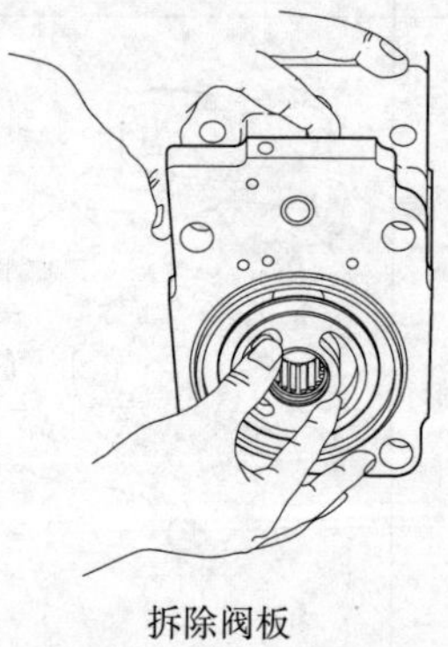 拆除阀板	
13	必要时,从油泵壳体(271)上拆下限位块(534)、限位块(535)、伺服活塞(532)与倾斜销(531),从阀体(312)上拆下针型轴承(124)和花键联轴器(114)		(1)在拆下倾斜销时,使用一个夹钳,以防止销头损坏。除非要更换针型轴承,否则不要拆卸; (2)不要松开螺母(808)和螺栓(953,954)。如果松开,油流设置将变化

(二)油泵装配

1. 准备工作

(1)用清洁剂清洁所有部件,并用压缩空气烘干。

34

（2）安装前要修理损坏部件，准备好所有更换部件。

（3）用清洁液压油涂抹一遍滑动部件、轴承等。

（4）更换O形环与密封件。

（5）使用一个扭力扳手，用规定力矩来拧紧螺栓与塞子。

（6）注意不要混杂前后油泵的不同部件。

（7）放好标记相应的油泵壳体与调节器。

2. 操作过程（见表5-6）

油泵装配操作过程 表5-6

序号	操作步骤	示 意 图	注 意 事 项
1	在油泵壳体（271）上安装旋转斜盘支撑（251），用一个塑料锤轻轻敲入	安装旋转斜盘支撑	（1）在安装旋转斜盘支座前，先将伺服活塞、倾斜销、限位块（534）和限位块（535）等安装到油泵壳体上； （2）在拧紧伺服活塞时，使用一个夹钳，以防止倾斜销头与回馈销损坏； （3）此外，在其螺纹部分使用乐泰（中等强力）
2	将油泵壳体放在其调节器倾斜表面，将旋转斜盘的倾斜轴瓦安装到倾斜销（531），并将旋转斜盘（212）安装到旋转斜盘支撑（251）上	安装旋转斜盘	（1）用两手手指移动旋转斜盘，确认其能够顺畅滑动； （2）在滑板和旋转斜盘支撑上涂抹润滑油脂，以便于安装传动轴
3	将带轴承（123）、轴承隔离件（127）与卡环（824）的驱动轴（111）安装到旋转斜盘支座（251）上。（用一把塑料锤轻轻敲打外轴承滚道，使各部件装配到撑架（251）内。用一黄铜冲头将它们完全安装到位）	安装带轴承、轴承隔离件和卡环的驱动轴	不要用锤子敲打驱动轴

序号	操作步骤	示 意 图	注意事项
4	在油泵壳体(271)上安装封盖(261),并安装螺栓(406)	组装密封盖	(1)在封口盖的密封件上稍许涂抹一点润滑脂; (2)安装密封件,注意不要损坏该密封件
5	安装活塞油缸体[油缸(141)、活塞附件总成(151、152)、设定板(153)、球面衬套(156)和油缸弹簧(157)]。然后,将油缸缸体总成塞入油泵壳体	组装活塞油缸体	(1)对齐球面轴瓦(156)与油缸限位块(141)的花键。然后对齐传动轴(111)的花键; (2)确保活塞安装在原先的孔中
6	在阀体(312)上安装阀板(313、314),将销插入销孔	组装阀板	(1)注意不要搞错阀板的抽油/供油节门(抽油节门是一个长半月形孔); (2)在阀板安装面上涂抹润滑脂,使其保持在阀体上

序号	操作步骤	示意图	注意事项
7	在油泵壳体(271)上安装阀体(312),并拧紧螺栓(401)。 顺时针转动(从输入轴一面观测)。安装限位块,调节器朝上,出油凸缘朝左,这是从前面观察。 逆时针转动(从输入轴一面观测)。安装阀体,调节器朝上,出油凸缘朝左,这是从前面观察	组装阀体	(1)先在后油泵上安装(312); (2)注意不要搞错阀门限位块(312)的方向
8	在调节器回馈杆上安装倾斜销的回馈销(531)。安装调节器,拧紧螺栓(412、413)	拧紧螺栓	(1)注意不要换错前后油泵的调节器; (2)根据拆卸前做的标记对齐部件
9	安装排油节门塞(468)		(1)装配完后,加注液压油,以防止生锈; (2)在安装到机器上时,补充液压油并从液压回路中排掉空气

(三)调节器拆卸

1. 准备工作

(1)在拆除调器前彻底清洗油泵。

(2)在调节器上做和油泵对称标记。

(3)选择一个清洁的工作场地。

(4)注意不要混杂前调节器与后调节器的不同部件。

(5)没有必要松开或拆下调节螺栓进行清洁。

(6)建议将调节器作为组件全部更换,因为它包括细小精密加工部件,拆修非常复杂。

工具见表5-7。

工 具				表 5-7
说 明	尺 寸	说 明	尺 寸	
内六角扳手	4、5、6mm(B)	扭力扳手		
插孔扳手,双头(单头)	加密器(最大 36mm)	钳子卡环		
活动扳手		撬棒	低于 Φ4,L=100mm	
一字螺丝刀		镊子		
塑料锤		螺栓	M4,L=大约 50mm	

拧紧力矩见表 5-8。

拧 紧 力 矩				表 5-8
说 明	尺 寸	拧紧力矩 (10N·cm)(lbf·in)	B(mm)	工 具
螺栓 (材料:SCM 435)	M 5	70(60)	4	内六角扳手
	M 6	120(105)	5	
	M 8	300(260)	6	
	M 10	580(500)	8	
	M 12	1000(870)	10	
	M 14	1600(1390)	12	
	M 16	2400(2080)	14	
	M 18	3400(2945)	14	
	M 20	4400(3810)	17	
PT 塞(材料:S45C)使 用乐泰液#577	PT1/16	70(60)	4	内六角扳手
	PT1/8	105(90)	5	
	PT1/4	175(150)	6	
	PT3/8	350(260)	8	
	PT1/2	500(430)	10	
PO 塞(材料:S35C)	PF1/4	300(260)	6	内六角扳手
	PF 1/2	1000(870)	10	
	PF 3/4	1500(1300)	14	
	PF 1	1900(1650)	17	
	PF 1 1/4	2700(2340)	17	
	PF1 1/2	2800(2420)	17	

2. 操作过程(见表 5-9)

调节器拆卸操作过程			表 5-9
序号	操作步骤	示 意 图	注意事项
1	选择一个合适拆卸的场所,用清洁剂去除调节器表面的灰尘、铁锈等		在工作台上铺开一块橡胶垫或布,以防部件被碰伤

38

序号	操 作 步 骤	示 意 图	注 意 事 项
2	拆除螺栓(412,413),并拆除调节器	拆卸调节器	小心不要丢失 O 形环
3	拆除螺栓(438),并拆除盖子(C)(629)	拆除盖子	(1)不要松开这些螺栓和螺母,如果它们松动,调整后的压力流设定会改变; (2)要调节压力和流量,将需要在一个实验台上进行检查和调整
4	在拆除盖子(C)(629)次组件后,从补偿部分取出外弹簧(625)、内弹簧(626)以及弹簧座(C)(624)。然后从伺服液压部分拉出调节环(Q)(645)、伺服液压弹簧(646)以及弹簧座(644)	拆除调节环	(1)调节环(Q)(645)可以用一个 M4 螺钉很容易地拉出; (2)注意弹簧座的方向
5	拆除螺栓(436、438),并拆除伺服液压盖(641)。在拆除伺服液压盖后,从伺服液压部分取出设定弹簧(655)	拆除伺服液压盖	

序号	操作步骤	示 意 图	注意事项
6	拆除卡环(814),并取出外弹簧座(653)、回弹弹簧(654)以及套筒(651)	拆除卡环	拆除卡环(814)时,复位弹簧(654)会弹出。小心不要丢失它
7	拆除卡环(858),并取出外支杆塞(614)与调节塞(615)	拆除卡环	支杆塞(614)和调节塞(615)可用一个 M6 螺钉容易地取出
8	拆卸杆(2)(613)。(用长的针鼻钳可使操作更便利)	拆除杆	不要拉出销(875)

40

序号	操 作 步 骤	示 意 图	注 意 事 项
9	拉出销轴(874),并拆除回油杆(611)。[用一根细钢棒推出销(874)(直径4 mm),这样它就不会阻挠杆(1)(612)]	 拆除销轴和回油杆	记录回馈杆的方向
10	拆卸杆(1)(612)		不要拉出销(875)

(四)调节器装配

1. 准备工作

(1)用清洁剂清洁所有部件,并用压缩空气烘干。(部件很小而且质量轻。小心不要丢失它们。)

(2)安装前要修理磨伤的部件,准备好所有更换部件。

(3)滑动部分要用清洁液压油涂抹一遍。

(4)更换O形环和密封件。

(5)使用一个扭力扳手,用规定力矩来拧紧螺栓与塞子。

(6)根据拆卸前做的标记对齐调节器与油泵壳体。

2.操作过程(见表5-10)

表5-10

调节器装配操作过程

序号	操作步骤	示 意 图	注意事项
1	将补偿活杆(623)放入壳体(601)的补偿孔内		
2	将杆(1)(612)强制销放入补偿活杆套管内,然后将杆(1)安装到壳体内的销上		
3	将线轴(652)与套筒(651)装入壳体线轴孔。(确认线轴和套筒可以在壳体内顺利滑动而不会缠住)	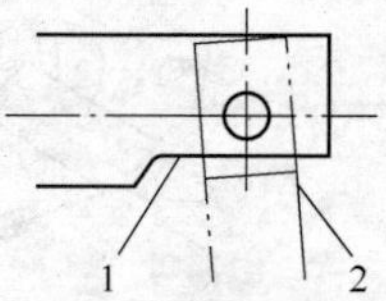 1-线轴;2-回馈杆	注意线轴的方向
4	安装回馈杆(611),将其销孔对准线轴内的孔。然后插入销(874)。(将销稍许插入回馈杆,以使操作更便利)	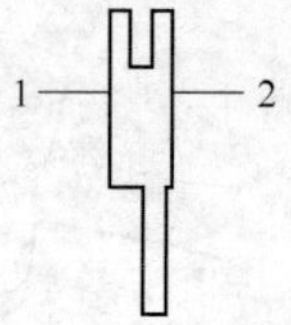 1-杆(1)侧;2-杆(2)侧(调节塞侧的支杆塞)	小心不要弄错回馈杆的方向
5	将伺服液压活塞(643)放入壳体的负压控制孔		确认伺服液压活塞可以顺利滑动而不会缠住
6	将杆(2)(613)内的强制销装入伺服液压活塞套管。然后固定该杆(2)	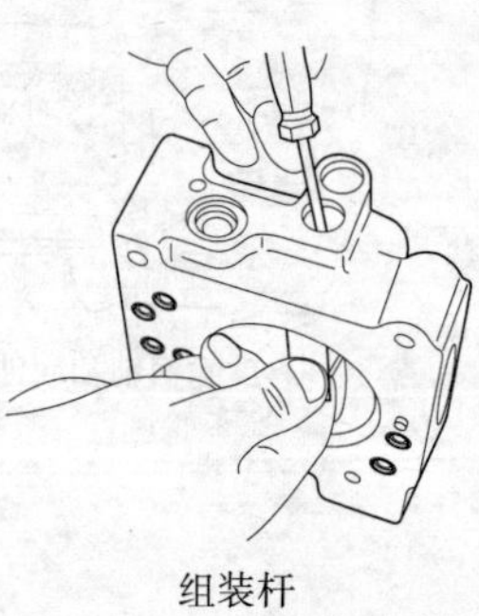 组装杆	
7	安装支杆(614),这样支杆(614)内的强制销就可装入杆(2)的销孔。然后固定卡环(858)	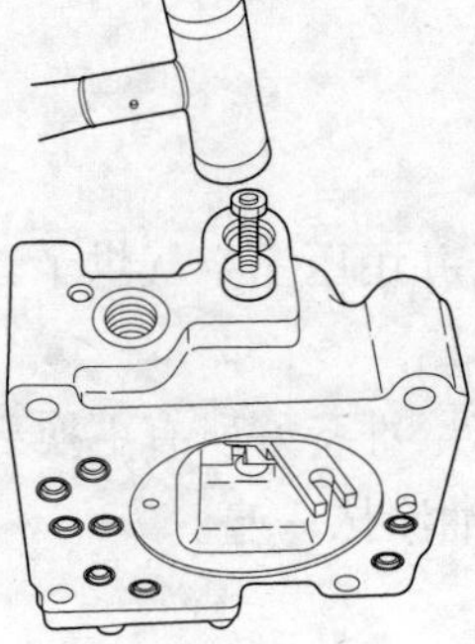 安装支轴塞子	

序号	操作步骤	示意图	注意事项
8	插入调节塞(615)并安装锁定环		(1)小心不要弄错支点塞和调节塞的插入孔; (2)在此点操作时,活动回馈杆,以确认它既无过分空隙,也不会被缠住
9	在线轴孔内安装回弹弹簧(654)与弹簧座(653),并附加卡环(814)	 组装卡环	注意弹簧底座的原来方向
10	将设定弹簧(655)装入线轴孔,并将补偿活塞(621)与活塞箱(622)装入补偿钻孔。安装伺服液压盖(641)并用螺栓(436、438)拧紧	 组装补偿活塞	
11	将弹簧座(644)、伺服液压弹簧(646)和调节环(Q)(645)装入伺服液压孔。然后将弹簧座(624)、内弹簧(626)和外弹簧(625)装入补偿孔	 组装弹簧座、伺服液压弹簧和调节环	注意弹簧底座的原来方向
12	安装有调整螺钉(628)(925)、调节环(C)(627)、锁定螺母(630)、螺母(801)以便调整螺钉(924)的盖子(C)(629)。然后安装螺栓(438)	 安装盖子	

五、考核评价

1. 自评

工量具使用	A	B	C	D
技能操作	A	B	C	D
工单填写	A	B	C	D

2. 互评

工量具使用	A	B	C	D
技能操作	A	B	C	D
工单填写	A	B	C	D

3. 教师评价

工量具使用	A	B	C	D
技能操作	A	B	C	D
工单填写	A	B	C	D

评语：_____

_____

_____

学生成绩：_____

任务六　VOLVO 挖掘机行走马达的构造认知

一、学习目标

(1)能正确使用拆装工具,熟练拆装 VOLVO 挖掘机行走马达。

(2)通过对 VOLVO 挖掘机行走马达的拆装,熟悉 VOLVO 挖掘机行走马达的结构,了解 VOLVO 挖掘机行走马达各零件功能、结构形状及其之间的装配关系和运动关系。

(3)理解 VOLVO 挖掘机行走马达的工作原理。

(4)遵循操作规程,强化安全意识。

(5)激发学生的学习兴趣,充分调动学生的主观能动性,培养自信心和职业精神。

二、实训设备及工具准备

(1)主要液压元件:沃尔沃行走马达(EC21OBP 行走马达)。

(2)工具准备:常用工具及扭力扳手。

三、相关知识

1. 写出图 6-1 中部件名称,并描述其功能

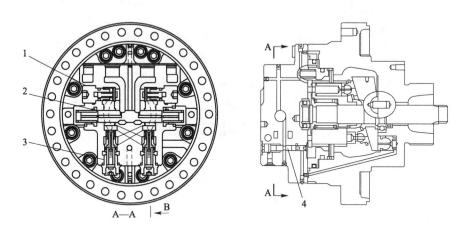

图6-1　液压行走马达剖面图

1. 名称:＿＿＿＿＿＿＿＿＿＿作用:＿＿＿＿＿＿＿＿＿＿＿＿＿＿＿＿＿＿＿＿

2. 名称:＿＿＿＿＿＿＿＿＿＿作用:＿＿＿＿＿＿＿＿＿＿＿＿＿＿＿＿＿＿＿＿

3. 名称:＿＿＿＿＿＿＿＿＿＿作用:＿＿＿＿＿＿＿＿＿＿＿＿＿＿＿＿＿＿＿＿

4. 名称:＿＿＿＿＿＿＿＿＿＿作用:＿＿＿＿＿＿＿＿＿＿＿＿＿＿＿＿＿＿＿＿

2. 写出图 6-2 中 P、P2、D1、P5 分别测什么压力

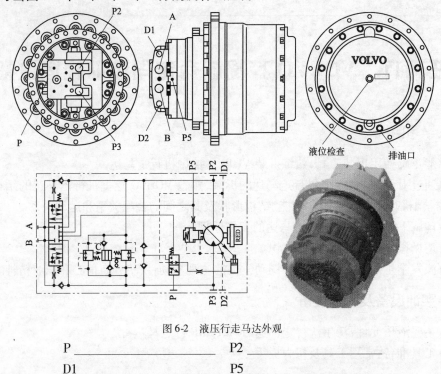

图 6-2　液压行走马达外观

P _____　　　　P2 _____

D1 _____　　　　P5 _____

3. 制动阀工作原理（图 6-3）

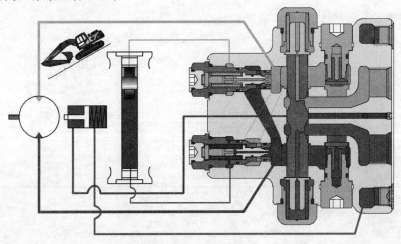

图 6-3　制动调工作原理

当挖掘机下坡行走时,可能导致高速,这意味着供油管路的液压油油量少于预期。这种情况下,需要制动功能控制挖掘机超速。供油管路的压力降低,制动阀(平衡阀)回归中位。所以我们可以堵住回油管路,降低挖掘机的行走速度。期间,溢流阀将帮助挖掘机平稳行走。

4. 高低速切换（图 6-4）

(1) 当节门 P 处的导向压力断开时,滑柱在弹簧力和施加在红色和黄色部分之间的差异面积上的液压力作用下向上移动。斜盘活塞液压舱中的油流向排放管线,而旋转斜盘移动以增加斜盘角度,因此马达以低速旋转。

46

（2）当节门 P 处的导向压力接通时，滑柱在 P 处的压力作用下向下移动。供油经过止回球流向斜盘活塞。斜盘活塞推动旋转斜盘并减小斜盘角度，因此马达以高速旋转。

（3）在此图中，P 节门压力抵消面积差异产生的供给压力和弹簧力。当供给压力达到规定值时，供给压力和弹簧力克服 P 压力。此时滑柱向上移动。斜盘活塞液压舱中的油流向排放管线，而旋转斜盘移动以增加斜盘角度，因此马达以低速及高转矩旋转。

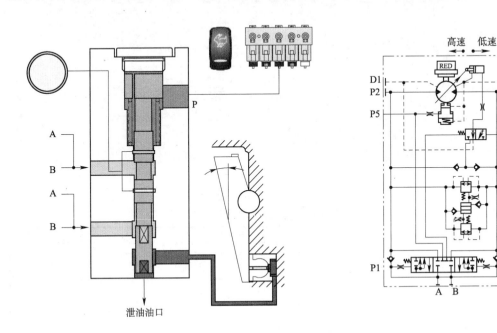

图 6-4　速度转换阀工作原理

四、实践体验（图 6-5、表 6-1）

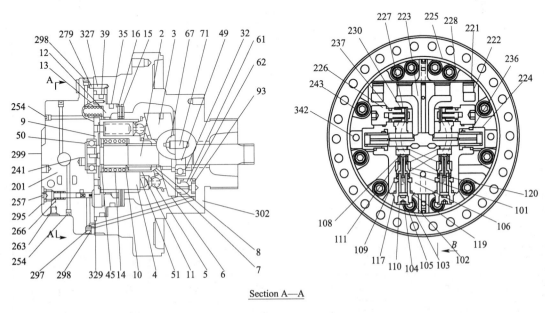

Section A—A

图　6-5

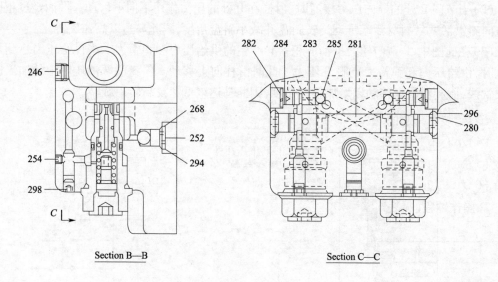

Section B—B   Section C—C

图 6-5　液压行走马达结构

液压行走马达各部件名称   表 6-1

2	轴	49	轴承	119	O 形环	263	线轴
3	旋转斜盘	50	轴承	120	密封垫	266	弹簧
4	汽缸体	51	滚针	201	后法兰	268	球
5	活塞	61	活塞	223	平衡阀	279	过滤器
6	活塞套	62	活塞套	224	塞	280	塞
7	固定板	67	钢珠	225	闭锁装置	281	活塞
8	推力球	71	平行销	226	塞	282	塞
9	配流盘	93	弹簧	227	止回阀	283	O 形环
10	垫圈	101	释放阀活塞	228	弹簧	284	O 形环
11	滚筒	102	套管	230	弹簧	285	钢珠
12	制动活塞	103	固定器	236	O 形环	294	O 形环
13	制动弹簧	104	塞	237	O 形环	295	O 形环
14	弹簧	105	薄垫片	241	平行销	296	O 形环
15	摩擦片	106	弹簧	342	平行销	297	孔口
16	啮合片	108	O 形环	243	螺栓	298	塞
32	密封垫	109	O 形环	246	塞	299	铭牌
35	O 形环	110	O 形环	252	塞	302	主轴
39	O 形环	111	支撑环	254	塞	327	O 形环
45	卡环	117	支撑环	257	塞	329	O 形环

（一）行走马达拆卸

1. 注意事项

（1）拆除之前要完全清洁齿轮箱组件。

（2）选择一个干净的工作区域。

（3）给装在一起的元件做上配合记号表示正确位置，以便于装配。

（4）小心不要混合次级组件的部件。

（5）彻底清洁所有部件和罩壳内部。

（6）检查和分析所有故障。

2. 操作过程（见表6-2）

行走马达拆卸操作过程   表6-2

序号	操作步骤	示　意　图	注　意　事　项
1	拆卸前,把马达安装到一个旋转式工作台上。排空液压油和齿轮油	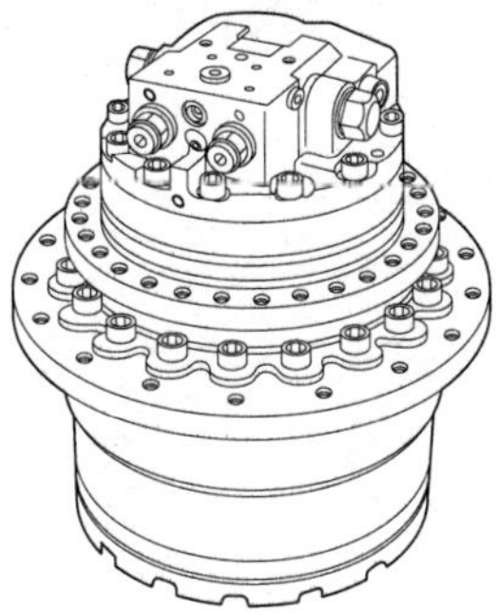 行走马达	齿轮箱容量:4L、8L
2	从后法兰（201）上拆除溢流阀。从溢流阀上拆除O形环（108）、（109）、（110）和支撑环（111）、（117）	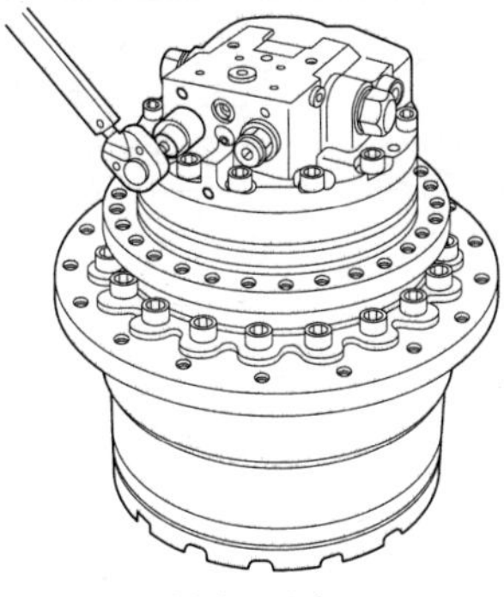 拆除溢流阀	拆除后不要重新使用O形环
3	拆除螺栓（243）	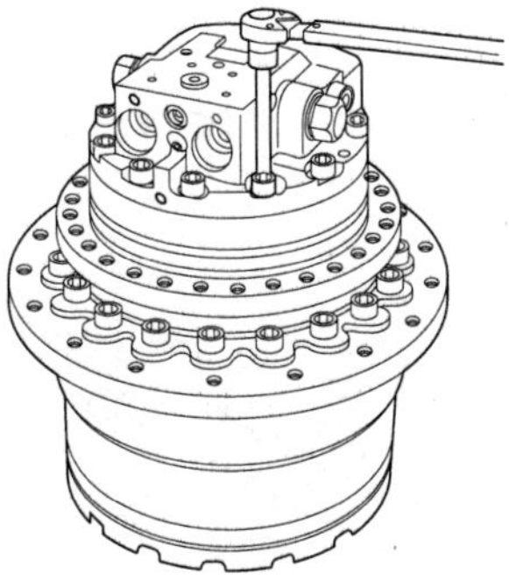 拆除螺栓	

序号	操作步骤	示意图	注意事项
4	从主轴(302)上拆除后法兰(201)	拆除后法兰	小心不要拆下轴(2)
5	齿轮箱/液压马达轴和油密封垫。 (1)从后法兰(201)和液压马达上拆除配流盘(9),平行销(241)、制动弹簧(13)和轴承(50); (2)从主轴(302)上拆除O形环(329)	拆除轴承	拆除后不要重新使用O形环(329)
6	平衡阀的拆除。 (1)从后法兰(201)拆除塞子(224); (2)从塞子(224)上拆除O形环(236); (3)从后法兰(201)上拆除弹簧(228)、闭锁装置(225)和平衡阀(223)	拆除平衡阀 拆除塞子	小心不要损坏平衡阀(223)的外表面和法兰(201)的滑动面。因为后法兰(201)和平衡阀(223)属于选择性装配类型,所以即使只有一个损坏,也要一同更换它们

序号	操作步骤	示意图	注意事项
7	载荷止回阀的拆除。 （1）从后法兰（201）上拆除塞子（226）； （2）从后法兰（201）上拆除弹簧（230）和载荷止回阀（227）； （3）从塞子（226）上拆除 O 形环（237）	拆除塞子 拆除载荷止回阀	要小心，不要损坏载荷止回阀（227）的底座部分或后法兰（201）； 拆除后不要重新使用 O 形环（237）
8	高低速切换阀阀的拆除。 （1）从后法兰（201）上拆除塞子（257）； （2）从后法兰（201）上拆除线轴（263）和弹簧（266）； （3）从塞子（257）上拆除 O 形环（295）	拆除线轴	拆除后不要重新使用 O 形环（295）
9	内部部件的拆除。 （1）从后法兰（201）上拆除塞子（280）； （2）从塞子（280）上拆除 O 形环（296） 从后法兰（201）上拆除活塞（281）； （3）拆除塞子（282）、O 形环（283）、（284）； （4）从后法兰（201）上拆除钢珠（285）	拆除塞子 拆除活塞 拆除塞子 拆除钢珠	小心不要损坏活塞孔。 因为后法兰（201）和活塞（281）属于选择性装配类型，所以要成套更换它们。 拆除后不要重新使用 O 形环

序号	操作步骤	示意图	注意事项
10	溢流阀的拆除。 （1）拆除塞子（104）并拆除套管（102）； （2）从塞子（104）上拆除 O 形环（110）； （3）从塞子（104）上拆除薄垫片（105）； （4）从套管（102）上按顺序取出弹簧固定器（103），弹簧（106）和活塞（101）； （5）从活塞（101）上拆除密封垫（120）。 用同样方法拆解另一侧的套管	拆除塞子 拆除薄垫片 拆除弹簧固定器 拆除弹簧 拆除溢流阀活塞	（1）不要把两个溢流阀的部件互相调换； （2）拆除后不要重新使用 O 形环； （3）如果除 O 形环（110）和密封垫（120）以外的部件需要更换，溢流阀必须在试验工作台上重新设定。因此整个更换安全阀组件
11	驻车制动器的拆除。 （1）将喷射压缩空气（压力：300～500kPa）喷进主轴（302）上的驻车制动器检查孔，拆除制动活塞（12）； （2）从活塞（12）上拆除 O 形环（35 和 39）	施用压缩空气 拆除制动活塞	突然喷射压缩空气可能导致活塞弹出。为了确保安全，在活塞上加盖一个保护罩。 拆除后不要重新使用 O 形环（35）（39）

序号	操作步骤	示意图	注意事项
12	旋转组的拆除。 （1）在主轴（302）下放一油盘； （2）用两只手抓住汽缸体（4），并将它从主轴（302）上拆除； （3）从主轴（302）上拆除旋转斜盘（3）、钢珠（67）； （4）拆除安装在汽缸体（4）外表面上的啮合片（16）和摩擦片（15）； （5）从汽缸体（4）上拆除活塞组件（5）、活塞套（6）]、支承板（7）、推力球（8）和滚针（51）	 拆除汽缸体 拆除滚针	（1）由于磨损方式的关系，活塞必须被安装回相同的孔内。给活塞和相应的汽缸孔做好标记； （2）拆除前，用两只手抓住汽缸体（4）并交替顺时针逆时针旋转 2~3 次，以使活塞套（6）从旋转斜盘（3）上脱开； （3）小心拆除汽缸体，不要让活塞和滚针（51）掉进主轴内
13	从主轴（302）上拆除旋转斜盘（3）	 拆除旋转斜盘	
14	用一个塑料锤子轻轻敲击前部，从主轴（302）上拆除驱动轴（2）	 拆除驱动轴	
15	从驱动轴（2）上拆除轴承（49）	 拆除轴承	

序号	操作步骤	示意图	注意事项
16	从主轴(302)上拆除钢珠(67)和平行销(71)	302 71(2) 67(2) 拆除钢珠和平行销	突然喷射压缩空气可能导致活塞弹出。为了确保您的安全,在活塞上加盖一个保护罩
17	通过送入压缩空气(压力:300~500kPa)到主轴(302)上的检查孔,从主轴(302)上拆除速度选择器活塞组件[活塞(61)和活塞套(62)]	拆除活塞	旋转的组合部件必须作为一套更换
18	从主轴(302)上拆除密封垫(32)	302 32 拆除轴承和密封垫	
19	汽缸体的拆除: (1)将汽缸体(4)置于一台式压床上,然后在往垫圈(10)上推压固定器(I)的同时,拆除卡环(45)(压力负载:2000N或以上); (2)缓慢松开压具直到弹簧力松懈。依顺序从汽缸体(4)上拆除垫圈(10)、弹簧(14)和垫圈(10)	拆卸卡环	拆除弹簧时,要压住固定器(I)和垫圈的轴芯,以防止汽缸体因碰触而受到损伤; 用一块橡胶垫保护好油缸体的滑动面; 只有需要更换时才拆卸弹簧(14); 不要突然松开压具。弹簧可能弹出并造成伤害

(二)行走马达装配

1. 准备工作

(1)用洗涤剂清洁所有部件并用压缩空气干燥。

(2)再加工损坏部件并在组装前准备好所有更换部件。

(3)用干净的齿轮油涂抹滑动部件、轴承和齿轮。

(4)用清洁的液压油涂抹马达组件的滑动部件和轴承。

(5)更换 O 形环和密封垫。

(6)使用力矩扳手拧紧螺栓和塞子到规定力矩。

2. 拧紧力矩(见表6-3)

拧 紧 力 矩 　　　　　　　　　　　　　　　　　　表6-3

零 件 号	说 明	螺 纹 尺 寸	力矩(N·m)(lbf·ft)
102	套管	PF 1	250±50(180±36)
104	塞	PF 1/2	100±20(72±14)
224	塞	M36(P1.5)	450±90(325±65)
226	塞	M36(P1.5)	260±40(188±29)
243	螺丝	M16(P 2.0)	257±40(186±29)
246,252	塞	PT 1/4	30±5(22±4)
254	塞	NPTF 1/16	1±2.5(7.2±1.8)
257	塞	PF 1/2	100±20(72±14)
280	塞	PF 3/8	60±10(43±7)
282	塞	PF 1/8	15±2.5(10.8±1.8)
298	塞	PF 1/8	12.5±2.5(9±1.8)

3. 操作过程(见表6-4)

行走马达装配操作过程 　　　　　　　　　　　　　　　　　表6-4

序号	操作步骤	示 意 图	注意事项
1	载荷止回阀 (1)安装 O 形环(237)到塞子(226); (2)安装弹簧(230)和载荷止回阀(227)到塞子(226),然后给弹簧和阀门组件上润滑脂; (3)把塞子(226)插到弹簧和阀门结合部,进入后法兰(201),然后把该塞子拧紧到要求的力矩[(260±40)N·m]; (4)在 O 形环(237)上涂抹润滑脂	 安装塞子	用乐泰螺纹固定剂(Loctite #577)涂抹塞子(226)的螺纹部分

序号	操作步骤	示意图	注意事项
2	平衡阀 (1)将平衡阀(223)插入后法兰(201); (2)安装 O 形环(236); (3)把限位器(225)和弹簧(228)安装到两个塞子(224)中,再把塞子(224)拧紧到后法兰(201),然后把该塞子拧紧到要求的力矩[(450±90)N·m]	 安装平衡阀 安装塞子	(1)给平衡阀(223)涂上液压油并将其插入后法兰(201); (2)后法兰孔部分或平衡阀表面的损坏再重新组装后可能引起内部泄漏,以及马达性能降低; (3)给 O 形环涂上润滑脂; (4)如果后法兰(201)或平衡阀(223)中有任一个需要更换,则整个组件(套件)要一起更换
3	高低速切换阀 (1)将 O 形环(295)安装到塞子(257)上; (2)将弹簧(266)安装到线轴(263),并插入后法兰(201); (3)把塞子(257)拧入到后法兰(201),至所要求的力矩[(100±20)N·m]	 安装线轴	(1)给 O 形环涂上润滑脂; (2)给线轴(263)涂抹液压油并将其插入后法兰(201); (3)后法兰孔部分或线轴表面的损坏再重新组装后可能引起内部泄漏,以及马达性能降低
4	补油止回阀部件 (1)将钢珠(285)嵌入后法兰(201); (2)将 O 形环(283)(284)安装到塞子(282)上; (3)把塞子(282)拧入到后法兰(201),至所要求的力矩[(15±2.5)N·m]; (4)将活塞(281)插入后法兰(201); (5)将 O 形环(296)安装到塞子(280)上; (6)把塞子(280)拧入到后法兰(201),至所要求的力矩[(60±10)N·m]	 安装钢珠 安装塞子	(1)给 O 形环涂上润滑脂; (2)给活塞(281)涂抹液压油,并插入后法兰(201)。如果后法兰孔部分或线轴的表面有损坏,它们必须整个组件一起更换; (3)给 O 形环涂上润滑脂

序号	操作步骤	示　意　图	注意事项
5	溢流阀 （1）将 O 形环（108、109、119）以及托环（111、117）安装到套管（202）上； （2）将 O 形环（110）安装到塞子（104）上； （3）将薄垫片（105）安装到塞子（104）上； （4）将活塞密封垫（120）安装到活塞（101）上； （5）安装活塞（101）、弹簧（106）、弹簧定位件（103）及带塞子（104）的垫片（105），然后拧紧到要求的力矩［100 ± 20）N·m］； （6）用同样方法组装另一侧的溢流阀	105　　101　　106 103　　104 安装溢流阀	（1）给 O 形环（108）、（109）和（110）涂上润滑脂； （2）释放压力是用垫片调节，所以应该安装用原来安装的垫片； （3）给垫片涂上润滑脂使其附着在塞（104）上； （4）活塞密封件（120）包括 O 形环和特氟纶环； （5）给活塞密封垫（120）两侧涂上润滑脂。安装 O 形环，然后是特氟纶环； （6）用液压油涂抹活塞（101）然后安装到套管（102）内； （7）套管的内部部件由一个套管套件组成。小心正确组装
6	将密封垫（32）装入主轴（2）的密封安装孔中	302 32 组装密封垫	（1）插入球轴承时，使用皮革手套并小心不要烫伤； （2）给密封垫（32）的唇边涂上白色石油冻或锂润滑脂
7	驱动轴（2） 收缩安装球轴承（49）到轴（2）上	轴承组装	（1）如果拆卸中曾经把滚珠轴承（49）从主轴（2）上拆下，就用新轴承更换该轴承，然后用收缩法装进主轴（2）（收缩法安装温度：100℃ ±10℃）； （2）小心，收缩安装滚珠轴承（49）时不要加热主轴（2）
8	组装活塞组件（61），（62） （1）给弹簧（93）上润滑脂并将它安装到活塞组件上； （2）给活塞组件上液压油并插入主轴（302）上的活塞孔	组装活塞	

序号	操作步骤	示意图	注意事项
9	旋转斜盘枢轴 （1）将销（71）插入主轴（302），并安装钢（67）； （2）用润滑脂涂抹销和钢珠	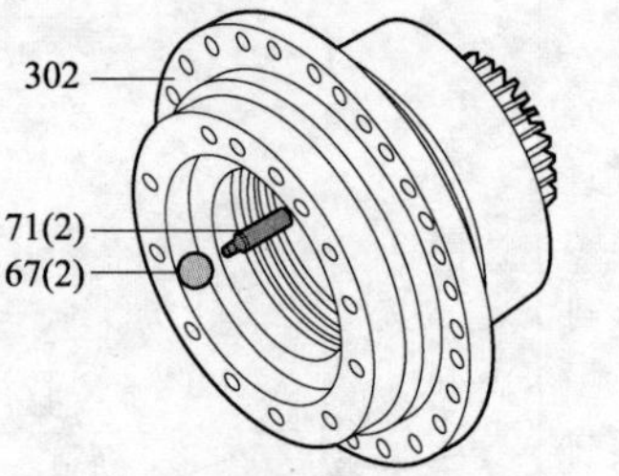 302 71(2) 67(2) 安装旋转斜盘	
10	汽缸体 （1）将汽缸体（4）放在一个台式压床上； （2）将弹簧（14）和垫圈（11）插入汽缸体（4）； （3）把定位器放在垫圈上（10），用压具装好弹簧（14），然后安装卡环（45） 工具：893200160	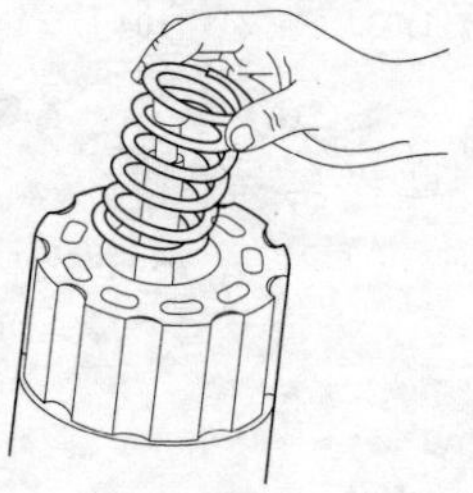 组装弹簧 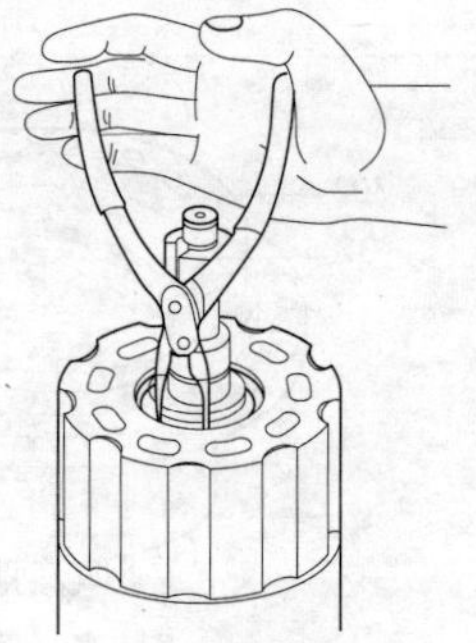 安装固定器	（1）如左图所示插入垫圈（10）的尖锐边缘； （2）操作汽缸体时，用一块乙烯垫保护它的滑动面； （3）使用到压缩弹簧（14）的力：2000N或以上； （4）保证卡环（45）完全进入底座
11	马达组件 （1）安装滚针（51）到汽缸体（4），然后放入轴环（11）和推力球（8）； （2）将活塞组件（5），（6）插入支承板（7）； （3）用液压油涂抹活塞组件，然后安装到汽缸体（4）； （4）给活塞套（6）滑动面和推力球（8）的球面上液压油； （5）安装旋转斜盘（3）、推力球（8）、轴环、固定板（7）、滚针（51）、汽缸体（4）、活塞组件（5）和（6）到轴（2）上。然后装好升降机并将轴竖直； 升降机（A）：部件号8932-00210	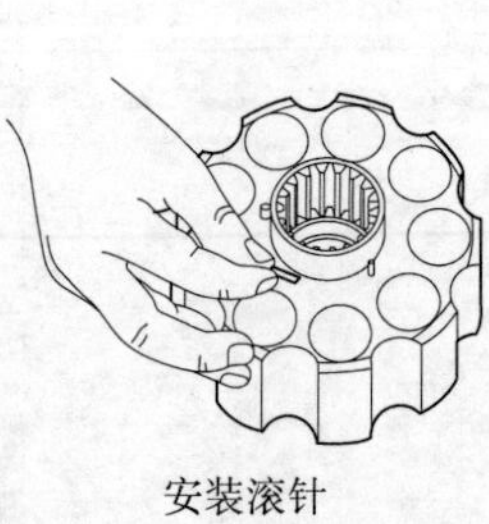 安装滚针 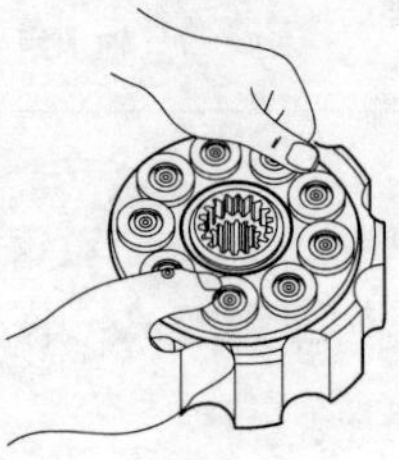 组装活塞	（1）由于磨损形式，活塞必须装进同一缸筒； （2）把安装前在活塞上和油缸体上做好的标记对齐

序号	操作步骤	示　意　图	注意事项
11		 组装汽缸体	
12	安装马达组件 （1）用升降机升起马达组件，并安装引导插入夹具到轴（2）的主轴部分； （2）慢慢插入马达轴到主轴（302）； （3）组装好后，拆除升降机和引导插入夹具（A）	 安装马达组件	（1）把钢珠（67）和旋转斜盘（3）上的钢珠孔对齐； （2）在安装完马达组件后，用手旋转汽缸体（4）以检查反冲力； （3）如果有任何反冲力，纠正故障
13	按顺序把摩擦片（15）和啮合片（16）安装到汽缸体（4）的圆柱槽	 安装制动器	（1）将摩擦片（15）浸入液压油； （2）注意摩擦片和啮合片的装配顺序。如果出错，驻车制动器力被减弱

59

序号	操作步骤	示意图	注意事项
14	安装 O 形环(35)、(39)并把活塞(12)装配到主轴(2)上	12 39 35 安装制动活塞 O 形环	
15	用一塑料锤子轻轻敲打活塞(12)的截面,安装制动活塞(12)到主轴(302)上,防止活塞扭歪	安装制动活塞	在 O 形环(35)、(39)上涂润滑脂
16	安装球轴承(50)、配流盘(9)、平行销(241)和弹簧(13)到后法兰(201)上	安装轴承	(1)在弹簧(13)和配流盘(9)上涂润滑脂,使其能贴牢在后法兰(201)上; (2)在滚珠轴承(50)上涂上液压油
17	注满液压油 油容量:1.7L	施用液压油	

序号	操作步骤	示意图	注意事项
18	把 O 形环(329)、(327)和(342)插入主轴(302),并安装后法兰(201)	组装后法兰	(1)不要给 O 形环(329)或啮合面涂抹任何润滑脂。(因为润滑脂会被误认为是油泄漏); (2)后法兰(201)必须安装得使装在主轴(302)上的两个平行销(342)和销孔对准
19	以要求力矩拧紧螺栓(243)到主轴(302)上	257 295 243 螺栓拧紧力矩	拧紧力矩:(257±40)N·m
20	安装 O 形环(295)到塞子(257)和没有管道连接的排放口		拧紧力矩:(100±20)N·m
21	安装溢流阀到后法兰(201)。 拧紧到要求力矩	溢流阀的安装	拧紧力矩:(250±50)N·m

五、考核评价

1. 自评

工量具使用	A	B	C	D
技能操作	A	B	C	D
工单填写	A	B	C	D

2. 互评

工量具使用	A	B	C	D
技能操作	A	B	C	D
工单填写	A	B	C	D

3. 教师评价

工量具使用	A	B	C	D
技能操作	A	B	C	D
工单填写	A	B	C	D

评语：_____

_____

_____

学生成绩：_____

任务七 VOLVO挖掘机回转马达的构造认知

一、学习目标

(1)能正确使用拆装工具,熟练拆装VOLVO挖掘机回转马达。

(2)通过对VOLVO挖掘机回转马达的拆装,熟悉VOLVO挖掘机回转马达的结构,了解VOLVO挖掘机回转马达各零件功能、结构形状及其之间的装配关系和运动关系。

(3)理解VOLVO挖掘机回转马达的工作原理。

(4)遵循操作规程,强化安全意识。

(5)激发学生的学习兴趣,充分调动学生的主观能动性,培养自信心和职业精神。

二、实训设备及工具准备

(1)主要液压元件:VOLVO挖掘机回转马达(机型:EC210BLC)。

(2)工具准备:常用工具及扭力扳手。

三、相关知识

(一)回转马达的组成

回转马达由缸体和9个位于缸体内的活塞总成组成。缸体的两端由轴承支撑。在缸体的外径和壳体之间安装了一个停车的机械制动装置。盖子部分有一个缓冲用的减压阀,一个防气穴阀和一个回弹阻尼阀,如图7-1所示。各油口的填写表7-1。

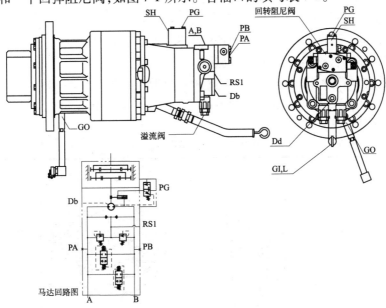

图7-1 EC210B挖掘机回转马达外观

各油口的名称 表 7-1

油口	名　称	油口	名　称
A、B		RS1	
Db		PG	
SH		PA、PB	
GI、L		GO	

（二）认识图 7-2 中的液压元件

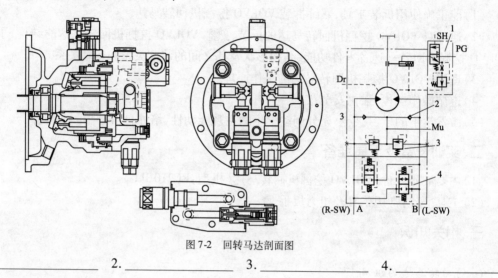

图 7-2　回转马达剖面图

1. _____　　2. _____　　3. _____　　4. _____

四、实践体验

（一）回转马达的拆卸

1. 注意事项

（1）用钢缆和起重机提升马达组件。用洗涤剂清洁，然后用压缩空气干燥。

（2）从减速齿轮上分离前，彻底清洁马达。

（3）拆卸前，在马达机箱（301）和阀门箱（303）上做好配合记号。

（4）选择一处清洁的地方。在工作台上放一块橡胶垫防止损坏部件。

2. 操作过程（见表 7-2）

回转马达拆卸操作过程　　　　　　表 7-2

序号	操作步骤	示　意　图	注意事项
1	拆除排放塞	拆除，排放塞	

序号	操作步骤	示意图	注意事项
2	从机箱(301)上拆除螺栓(032)和延迟阀(031)	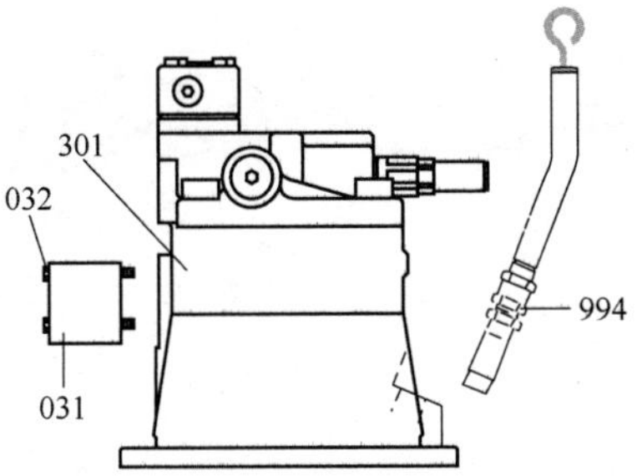 拆除,延时阀	
3	从机箱(301)上拆除液面计和管道(994)		
4	从阀门箱(303)上拆除螺栓(171)和回弹阻尼阀(052)	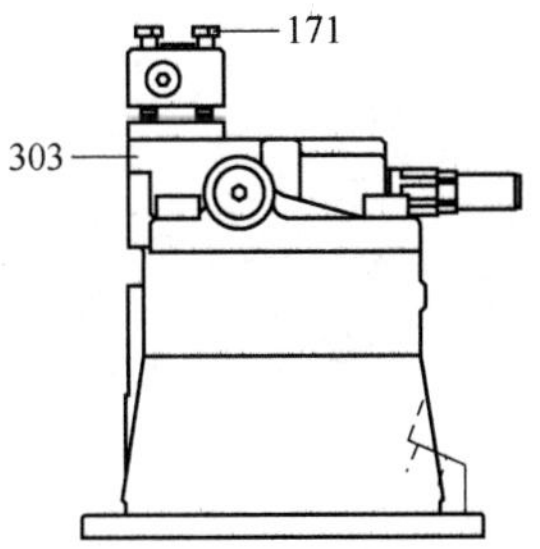 拆除,回弹阻尼阀	
5	从阀门箱(303)上拆除减压阀(051)。更换O形环和托环	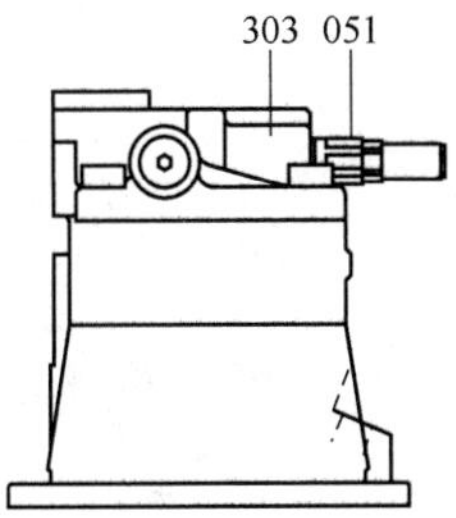 拆除减压阀	更换O形环
6	从阀门箱上拆除Ro塞(469)并取出弹簧(355)和线轴(351)	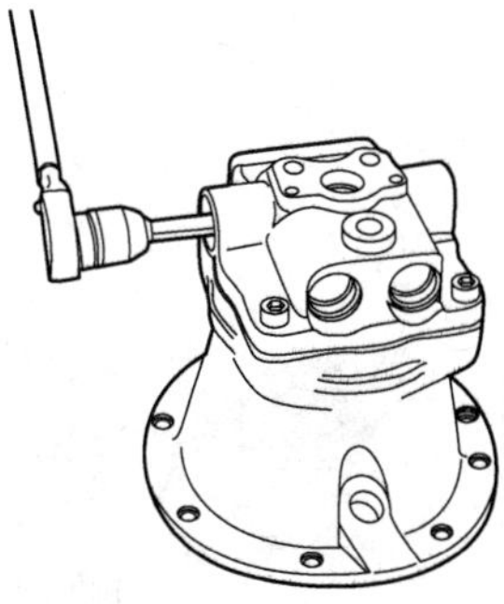 拆除Ro塞	小心不要损坏线轴座

序号	操作步骤	示 意 图	注意事项
7	从机箱（301）上拆除螺栓（401）和阀门箱（303）。松开螺栓时，阀门箱（303）会被制动弹簧（712）顶起。从阀门箱拆除阀片（131）	拆除螺栓 拆除阀片	小心不要让阀板从阀门箱内掉出来。（有时候阀板会粘在油缸上）
8	用特殊工具从机箱（301）上拆卸制动活塞（702）	拆卸制动活塞	垂直提起，利用制动活塞中的螺栓孔。特殊工具零件号：14559282 拉力器
9	将马达水平放置，从驱动轴（101）上取下汽缸（111）。拆除活塞（121）、固定器（123）、球形衬套（113）、间隔器（117）和旋转斜盘（124）	拆卸油缸	取出汽缸时，小心不要拉出推杆（116）。由于磨损方式关系，活塞必须安装回同一缸膛。标记好活塞和相应汽缸膛

66

序号	操作步骤	示意图	注意事项
10	从机箱(301)内拉出摩擦板（742）和啮合板（743）	拆除摩擦板和啮合板	
11	拆除驱动轴(101)和座板(124)	拆除驱动轴　　拆除驱动轴	用胶带贴牢驱动轴花键以防止机油密封件损坏
12	如有必要,进行下一步骤。用压具从驱动轴(101)上拆除滚柱轴承(443)的内轴承套	拆除内轴承套 A-压具;B-驱动轴;C-轴承;D-支撑住内轴承套	不要重新使用轴承座圈
13	从机箱(301)拆除卡环（437）并拉出密封盖（305）。用一个密封用起子从密封盖(305)上拆除油密封垫(491)	拆卸密封盖	

序号	操 作 步 骤	示 意 图	注 意 事 项
14	使用一个弹性锤和一个轴承拆除器或一个压具从机箱(301)里拆除轴承(443)的外套	 拆除轴承外套	不要重新使用轴承
15	用一个弹性锤和一个轴承拆除器从阀门箱(303)上拉出滚柱轴承(444)	 拆除滚柱轴承	不要重新使用轴承。 拆卸已完成。彻底检查每一部件

（二）回转马达装配

1. 准备工作

清洁度是确保获得满意的马达使用寿命的主要方法,对新单元和修理过的单元都是如此。使用清洁的、常温干燥的溶剂清洁部件。对于精密设备,内部机械装置和相关的部件绝对不能有异物和化学物质。保护所有暴露在外的密封表面和外缩孔不受损坏和污染。

我们极力建议所有的机油密封件和O形环都更换。安装前,用清洁的机油轻微的润滑所有机油密封件和O形环。安装前,用清洁的机油润滑所有的滑动区域、轴承和汽缸。

拧紧力矩见表7-3。

拧 紧 力 矩 表7-3

说　　明	项目号码	螺纹尺寸	拧紧力矩(N·m)(lbf·ft)
塞	031-1	9/16-18UNF-2B	0.9(0.7)
螺钉	033	M6	12(8.9)
减压阀	051	M33×1.5	177(131)
塞	151	9/16-18UNF-2B	48(36)
螺钉	171	M8	29(21.5)
回弹阻尼阀	400	M22×1.5	69(51)

说　明	项目号码	螺纹尺寸	拧紧力矩(N·m)(1bf·ft)
螺钉	401	M20	430(318)
塞	469	M30×1.5	334(247)
塞	984	3/4-16UNF-2B	1.7(1.3)
塞	985	1-5/16-12UN-2B	4.4(3.3)

2. 操作过程(见表7-4)

回转马达装配操作过程　　　　　　表7-4

序号	操作步骤	示　意　图	注意事项
1	加热轴承内座圈(443)至最大110℃(230°F),并安装在驱动轴(101)上	加热轴承内座圈	(1)不要超过110℃;(2)注意油封的方向。密封件唇口必须对着壳体(301)
2	在密封件(491)上涂抹润滑脂,并将密封件安装在壳体(301)上	安装油密封	小心不要损坏油密封唇口
3	将轴承(443)插入外壳(301)	安装轴承	
4	将轴(101)插入外壳(301)	安装轴	小心不要损坏油密封唇口
5	将底板(124)插入外壳(301)	安装底板	底板的重叠侧必须向外

序号	操作步骤	示 意 图	注意事项
6	把止推板(123)放在板弹簧(114)上,并将活塞总成(121,122)安装在止推板(123)中	安装活塞总成	
7	将活塞总成安装在汽缸(111)中,将旋转组安装在外壳(301)中	安装旋转组	
8	将马达放在一个垂直位置,轴承壳体面向下。 首先,插入一块啮合片(743),接着交替的插入一块摩擦片(742)和啮合片(743)	安装摩擦和啮合板	啮合片:4 EA,摩擦片:3 EA
9	将O形环(707)和O形环(706)安装在外壳(301)中	安装O形环	安装前,在O形环上涂抹润滑脂
10	使用一个塑料的锤子敲打活塞,将制动活塞(702)安装在外壳(301)的正确位置中。接着压紧,确保制动活塞正确的固定好	安装制动活塞	
11	将弹簧(712)安装在制动活塞(702)中	安装弹簧	

序号	操作步骤	示意图	注意事项
12	使用一个锤子和钢制连杆将轴承(444)安装在阀门箱(303)中	安装轴承	使用一个锤子和钢制连杆均匀地敲击轴承的边缘,直到它完全固定
13	将阀板(131)和O形环(472)安装在阀门箱(303)上。铜面必须向上	安装阀板和O形环	用润滑脂轻轻的涂抹阀门箱的表面,将阀板(131)放入位置中
14	将阀门箱(303)和四个螺钉(401)安装在外壳(301)中	安装阀壳体	
15	将线轴(351)和弹簧(355)安装在阀门箱(303)中,将带O形环(488)的塞子(469)安装在阀门箱(303)中	安装线轴	检查线轴(351)以确保它能平顺移动
16	把O形环放置在减压阀(051)上,将减压阀(051)安装在阀门箱(303)中	安装减压阀	

五、考核评价

1. 自评

工量具使用	A	B	C	D
技能操作	A	B	C	D
工单填写	A	B	C	D

2. 互评

工量具使用	A	B	C	D
技能操作	A	B	C	D
工单填写	A	B	C	D

3. 教师评价

工量具使用	A	B	C	D
技能操作	A	B	C	D
工单填写	A	B	C	D

评语：_____

_____

_____

学生成绩：_____

任务八　液压缸的构造认知

一、学习目标

（1）能正确使用拆装工具,熟练拆装液压缸。

（2）通过对液压缸的拆装,熟悉液压缸的结构,了解液压缸各零件功能、结构形状及其之间的装配关系和运动关系。

（3）理解液压缸的工作原理。

（4）遵循操作规程,强化安全意识。

（5）激发学生的学习兴趣,充分调动学生的主观能动性,培养自信心和职业精神。

二、实训设备及工具准备

（1）主要实训设备:THHPYZ-1 型液压元件拆装实验台。

（2）主要液压元件:沃尔沃液压缸（铲斗液压缸）、其他液压缸。

（3）主要实训工具:见表 8-1。

主 要 实 训 工 具　　　　　　　　　　表 8-1

工具/夹具	说　　　　明
破碎锤	钢破碎锤 木锤或塑料大锤
螺丝刀	大小尺寸
錾子	平头錾子,冲头
台虎钳	其一有宽度足以夹住柱筒安装销（U 形接头）的开口
扳手	钩形扳手、内六角扳手、扭力扳手、扳手延长管
刮板	带圆角的金属刮板
钻子	一个带尖头的工具可用来代替钻子
夹钳	用于安装密封环 用于夹住密封环 用于塞入活杆轴瓦 用于压入防尘护封
除锈用具	砂纸
测量仪器	游标卡尺、千分尺、液压表、V 形阀块

三、相关知识

（一）液压缸的作用

液压缸的作用是将液压系统的＿＿＿＿＿能转换为＿＿＿＿＿能,带动负载实现所需要的

_____往复运动(或摆动运动)的液压_____元件。它结构简单、工作可靠、维修方便。

（二）分类

按照液压力的作用方式可以分为_____式液压缸和_____式液压缸；按照结构不同可以分为：_____式液压缸、_____式液压缸、_____式液压缸和_____式液压缸。

（三）活塞式液压缸结构

写出图8-1中所指零件的名称。

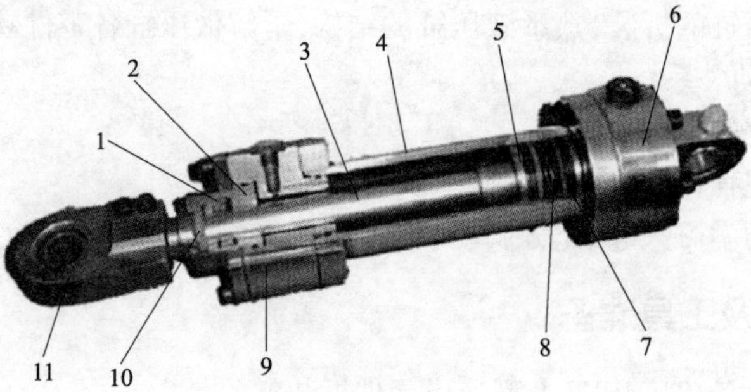

图8-1　液压缸结构

1. _____　　2. _____　　3. _____　　4. _____
5. _____　　6. _____　　7. _____　　8. _____
9. _____　　10. _____　　11. _____

由上述液压缸的结构可以看出，液压缸由缸筒组件（包括_____和_____）、活塞组件（包括_____和_____）、密封装置、缓冲装置和排气装置等基本部分组成。

缸筒和缸盖的连接形式主要有：_____连接、_____连接、_____连接、_____连接和_____连接等。

活塞和活塞杆的连接形式主要有：_____连接、_____连接、_____连接和_____连接等。

（四）液压缸的工作原理

液压缸缸筒被活塞分成两腔，一腔_____油，另一腔_____油，显然活塞将由_____油侧向_____油侧运动。若_____液压油流进、流出的方向，则活塞的运动方向_____。

四、实践体验

（一）油缸拆卸

1.拆卸前的准备

要拆卸油缸，油缸头与活塞连杆必须完全伸开。因此，首要前提是工作场地必须有进行这类操作的足够空间。该场地还必须有足够宽度以安放拆卸下的零件、清洁和测量设备等。工作台必须足够坚固稳定，能容纳油缸缩得最短时的全长，承受拧紧油缸头和活塞连杆时的力矩带来的旋转力。在将油缸拿到工作场地前,要对其彻底清洁,去除油缸上的污泥和油垢等。

2. 操作过程(见表8-2)

油缸拆卸操作过程 表8-2

序号	操作步骤	示意图	注意事项
1	从油缸筒上拆下油缸头组件。 (1)拆下油缸头组件的安装螺钉; (2)从油缸上拆下活塞连杆和油缸头组件	拆卸油缸头 1-油缸头组件;2-安装螺钉	(1)活塞连杆和油缸头部单元拆除后,油缸内部的液压油将会排出。在油缸头下面放一个合适的容器; (2)如果难以拆卸,可将活塞连杆稍微转动,再将其拉出油缸
2	将活塞连杆和油缸头组件放在支撑块上,用螺丝刀和钩形扳手拆掉活塞螺母	拆卸活塞连杆 1-油缸;2-吊索;3-活塞杆	顺时针拧开锁定螺母
3	从油缸活塞杆上拆卸下活塞组件。 (1)从活塞螺母上拆卸设定螺钉和卡球; (2)拆下活塞螺母后,再拆下活塞组件、垫柱塞和油缸头组件	小臂油缸头组件 1-油缸头;2-活塞表面;3-垫柱塞;4-垫环;5-设定螺钉; 6-卡球;7-销;8-活塞螺母;9-O形圈	(1)在拆除油缸盖组件时,小心不要损坏活塞杆密封或活塞杆螺纹; (2)逆时针旋转活塞组件来拆卸
4	活塞组件的拆卸 (1)从活塞上拆下磨损环(4); (2)拆卸O形环、防尘密封件、包件和垫圈	拆卸活塞组件 1-O形圈;2-活塞;3-防杂质密封;4-磨损环;5-活塞密封	(1)如果没有损坏,就不要拆卸防尘件、密封件、磨损环和垫片包件等; (2)拆卸后不要重复使用磨损的环和活塞包件

75

序号	操作步骤	示意图	注意事项
5	油缸头组件的拆卸	 拆卸油缸头 1-防尘刷板;2-杆密封;3-干轴承;4-头盖;5-缓冲环; 6-托环;7-卡环	(1)拆下的密封件不可再使用,重新装配时,垫片如磨损也应该更换; (2)如果衬套没有损坏就不要拆卸,如果拆卸,重新装配时就要更换成新衬套
6	拆卸后的检查 先清洁,再用肉眼观察所有部件是否有磨损、裂缝和其他问题		

（二）油缸装配

1. 安装油缸头密封件(见表8-3)

安装油缸头密封件操作过程 表8-3

序号	操作步骤	示意图	注意事项
1	将干轴承(1)压入密封盖,安装保留环	 干轴承组件 1-干轴承;2-压具;3-夹钳	要在塞入密封件时防止其损坏,检查连杆包件和防尘件安装槽上有没有毛边。如有,用油石将毛边去除
2	在油缸头和安装套管内径上使用油脂(或液压油)	 使用油脂 1-使用油脂	

序号	操作步骤	示　意　图	注意事项
3	安装进级密封件要注意其方向	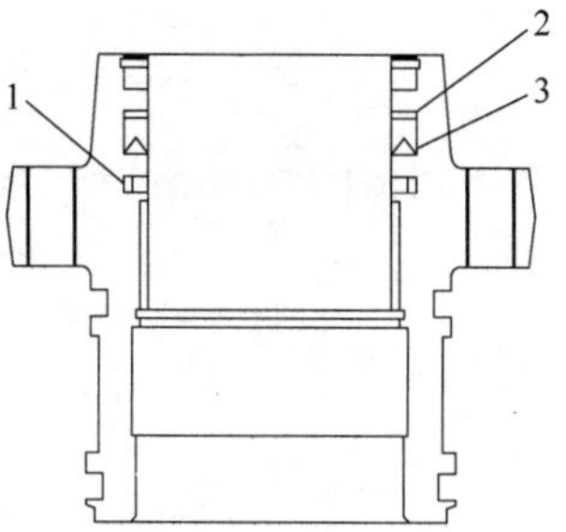 装配进级密封件 1-缓冲环;2-托环;3-杆密封	
4	安装活塞杆,要注意其方向	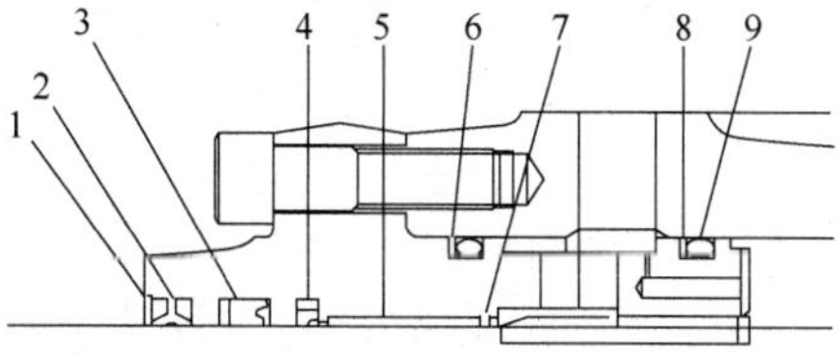 装配活塞杆 1-保留环;2-密封刮水器;3-托环;4-缓冲环;5-干轴承; 6-托环;7-保留环;8-托环;9-O形环	
5	将托环安装到槽B,方法是压内径D	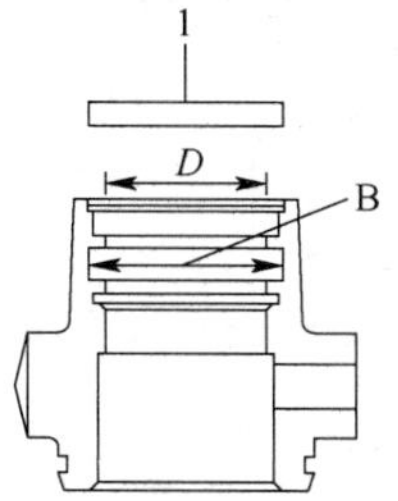 装配托环 1-托环	
6	使用夹钳将防尘塞(2)装配到密封盖中	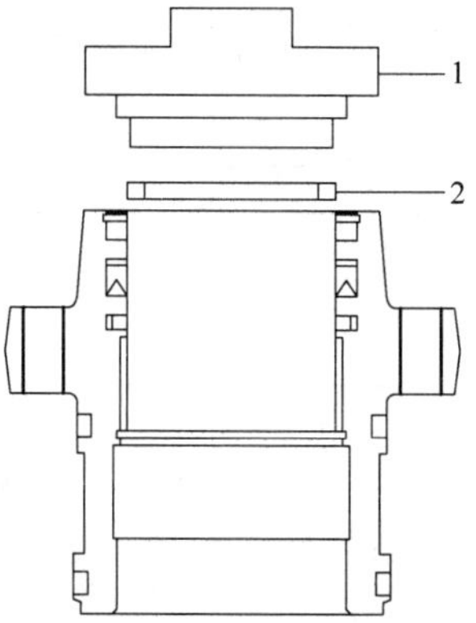 装配防尘塞 1-夹钳;2-防尘塞	

序号	操作步骤	示 意 图	注 意 事 项
7	将保留环(1)装入密封盖	装配保留环 1-保留环	使用铜制、铝合金或塑料夹具,要小心夹具上的锐利边缘。如果可能,用手塞入包件,不要用夹具
8	安装 O 形环(1)与托环(2)	装配 O 形环与托环 1-O 形环;2-托环	注意托环(2)的位置

2. 装配活塞组件(图 8-2、表 8-4)

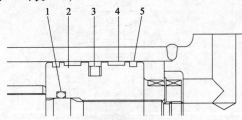

图 8-2　活塞组件

1-托环;2-活塞;3-活塞密封;4-磨损环;5-防杂质密封

装配前的准备:检查活塞环槽上是否有尖锐边缘。如有,用一块油石去除这些锐利边角。

装配活塞组件操作过程　　　　　　　　　　　　　　　　　表 8-4

序号	操作步骤	示 意 图	注 意 事 项
1	在活塞的位置 A 涂用液压油	A 涂用液压油	

序号	操作步骤	示 意 图	注意事项
2	将垫环装入活塞的中央套管。 （活塞包件套件包括一个垫环）	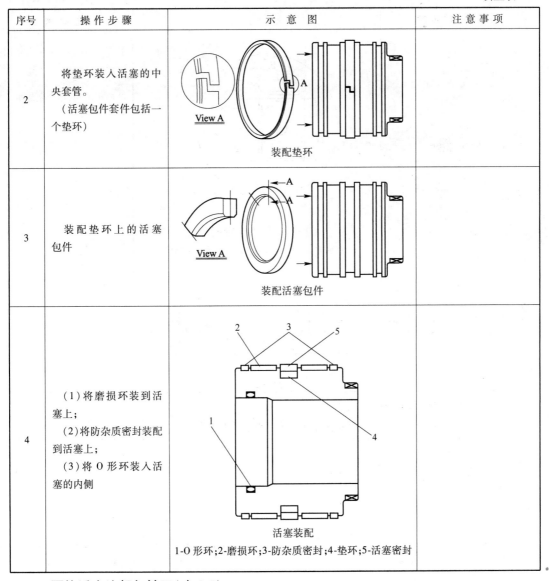装配垫环	
3	装配垫环上的活塞包件	装配活塞包件	
4	（1）将磨损环装到活塞上； （2）将防杂质密封装配到活塞上； （3）将O形环装入活塞的内侧	活塞装配 1-O形环;2-磨损环;3-防杂质密封;4-垫环;5-活塞密封	

3. 更换活塞连杆与轴瓦（表8-5）

更换连杆与轴瓦操作过程   表8-5

序号	操作步骤	示 意 图	注意事项
1	（1）在工作台上安装活塞连杆，使用一个压具压-装轴瓦； （2）在轴瓦两端都安装防尘封套	轴瓦装配 1-防尘密封;2-油脂嘴;3-压具夹钳;4-衬套	

序号	操作步骤	示 意 图	注意事项
2	装配油脂枪嘴	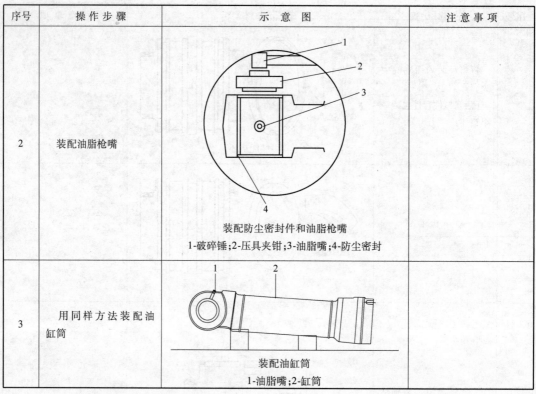装配防尘密封件和油脂枪嘴 1-破碎锤;2-压具夹钳;3-油脂嘴;4-防尘密封	
3	用同样方法装配油缸筒	装配油缸筒 1-油脂嘴;2-缸筒	

4. 装配活塞连杆和密封盖(表8-6)

装配活塞连杆和密封盖操作过程   表8-6

序号	操作步骤	示 意 图	注意事项
1	(1)在工作台上安装活塞连杆,小心不要损伤活杆的镀铬滑动表面; (2)用一个密封盖导件将密封盖安装到活塞连杆上	装配密封盖 1-密封盖	小心,不要损坏活塞连杆螺纹上的连杆密封
2	将垫环装配到活塞连杆上	装配垫环 1-密封盖;2-垫环	

序号	操作步骤	示　意　图	注意事项
3	（1）将活塞组件装配到活塞连杆上； （2）使用一个钩形扳手来拧紧该活塞，拧到规定力矩	装配活塞组件 1-密封盖；2-垫环；3-活塞；4-钩形扳手	小心不要损坏活塞内的O形环
4	（1）装配锁定垫片，并拧紧锁定螺母到规定力矩； （2）拧紧锁定螺母后，朝两端弯曲锁定垫片，使其固定在活塞与锁定螺母套管上； （3）装配设定螺钉和卡球	拧紧活塞 1-密封盖；2-锁定垫片；3-锁定螺母；4-垫环；5-活塞；6-卡球；7-设定螺钉	（1）要小心注意锁定螺母的拧紧方向（左向螺纹）； （2）把设定螺钉拧紧到规定力矩

5. 装配活塞连杆和油缸筒（表8-7）

装配活塞连杆和油缸筒操作过程　　　　　　　　　　表8-7

序号	操作步骤	示　意　图	注意事项
1	将活塞连杆组件装入油缸筒	装入活塞连杆组件 1-缸筒	（1）注意在装配时不要损伤活塞密封件； （2）活塞连杆和油缸筒必须保持平行
2	（1）小心地塞入密封盖，以免损伤O形环； （2）将油缸筒和密封盖的螺钉孔对成直线，再将螺钉拧紧到规定力矩	插入密封盖 1-密封盖	

6. 装配有缓冲阀的油缸(表8-8)

序号	操作步骤	示意图	注意事项
1	在活塞连杆的套管终端装配缓冲柱塞和锁销。将锁销的孔朝上并安装锁销	缓冲柱塞装配 1-缓冲柱塞;2-垫环;3-密封盖;4-活塞;5-锁销	
2	(1)装配锁定垫片并拧紧锁定螺母到规定力矩; (2)向左右两边弯曲锁定垫片,使其弯入活塞套管和锁定螺母; (3)装配设定螺钉和卡球	锁定螺帽装配 1-垫柱塞;2-锁定螺母;3-垫环;4-密封盖;5-活塞;6-锁定垫片;7-设定螺钉;8-卡球;9-销	把设定螺钉拧到其规定的力矩
3	检查垫柱塞的活动情况	空隙极限	间隙:0.2mm(0.0079″)

7. 装配后检查(无负荷功能测试)(表8-9)

测试前的准备:不要将液压压力提高到高于机器环路的最大压力;在O形环上和密封盖上涂的润滑脂可能被挤出。要把它擦掉,再测试油缸。

序号	操作步骤	示意图	注意事项
1	泄漏测试 在油缸的缩入侧与伸出侧各施加测试压力3min,检查活杆部分和焊接部位有无外部泄漏	测试外部泄漏 A-油缸;B-控制阀;C-泵	

序号	操作步骤	示意图	注意事项
2	做内部泄漏测试时,仍按照外部测试图示连接油缸	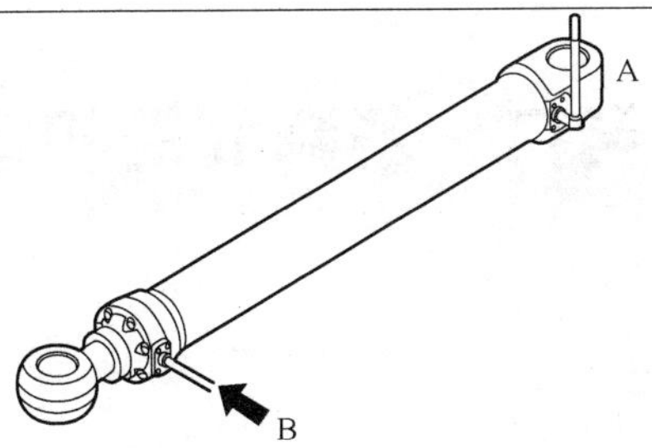 测试内部泄漏 A-测量内部泄漏;B-来自主控制阀	
3	完成测试后,在每个节门安装一个塞子		
4		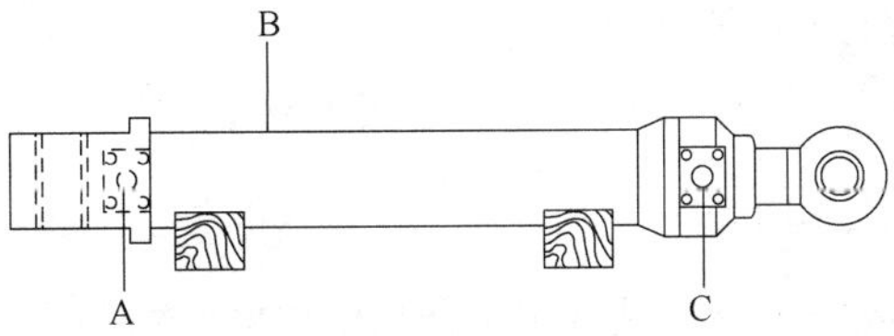 存放技术 A-塞子;B-油缸装配;C-塞子	如要储存,要把油缸放在木头的 V 形块上,把油缸全部缩入

五、考核评价

1. 自评

工量具使用	A	B	C	D
技能操作	A	B	C	D
工单填写	A	B	C	D

2. 互评

工量具使用	A	B	C	D
技能操作	A	B	C	D
工单填写	A	B	C	D

3. 教师评价

工量具使用	A	B	C	D
技能操作	A	B	C	D
工单填写	A	B	C	D

评语:_____

_____

_____

学生成绩:_____

任务九　各种阀的构造认知

一、学习目标

(1)认识液压系统各种阀的外形。

(2)能正确使用拆装工具完成各种阀的拆装,熟悉拆装步骤及方法,装配后能保证其正常工作。

(3)熟悉各种阀的结构,各零件功能、结构形状及其之间的装配关系和运动关系,并理解其工作原理。

(4)遵循操作规程,强化安全意识。

(5)激发学生的学习兴趣,充分调动学生的主观能动性,培养自信心和职业精神。

二、实训设备及工具准备

(1)主要液压元件:低压直动式溢流阀(P-B10B)、中低压先导式溢流阀(Y-10B)、高压先导式溢流阀(DB10-1-50B/100U)、中压减压阀(J-10B)、中压节流阀(L-10B)、液控单向阀(IY-25B)、中低压三位四通换向阀(34E-10B)、高压电磁换向阀(3WE6A61B/CG24N9Z5L)等。

(2)主要实训设备:THHPYZ-1型液压元件拆装实训台。

(3)常用工具:内六角扳手1套、螺丝刀、卡簧钳等。

三、相关知识

(一)方向控制阀

常见的方向控制阀有_____和_____两种。

(1)指出下列元件的名称及功用,并写出其图形符号,说明其工作情况。

名　　称:_____

功　　用:_____

图形符号:_____

工作情况:$\begin{cases} \text{A 口进油:} \underline{\qquad} \\ \text{B 口进油:} \underline{\qquad} \end{cases}$

名　　称:_____

功　　用:_____

图形符号:_____

工作情况:_____

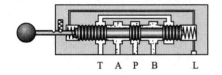

名　　称：_____

功　　用：_____

图形符号：_____

工作情况：_____

T　A　P　B　　L

名　　称：_____

功　　用：_____

图形符号：_____

工作情况：_____

T　A　P　B

名　　称：_____

功　　用：_____

图形符号：_____

工作情况：_____

（2）滑阀机能（表9-1）：阀芯处在_____位置时各油口的_____。

润 滑 机 能　　　　　　　　　　　　　　　　　表9-1

机能代号	结 构 原 理 图	中位图形符号	机能特点和作用
	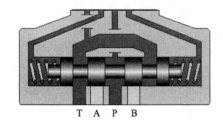　　A　　B　　　　　T　　P	A B P T	
	A　　　B T　　P	A B P T	

85

机能代号	结 构 原 理 图	中位图形符号	机能特点和作用
	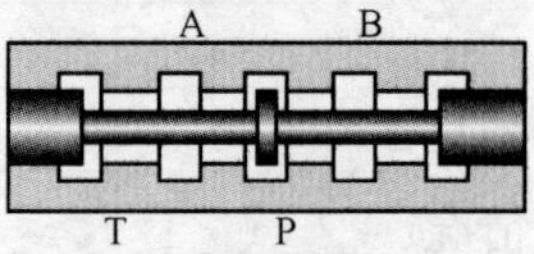	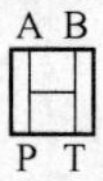 A B P T	
	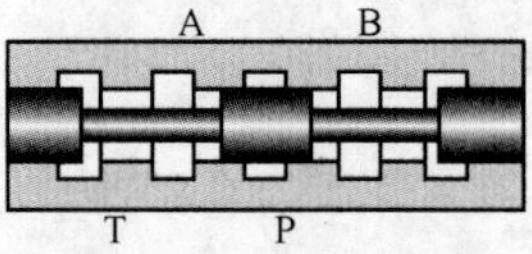	 A B P T	
	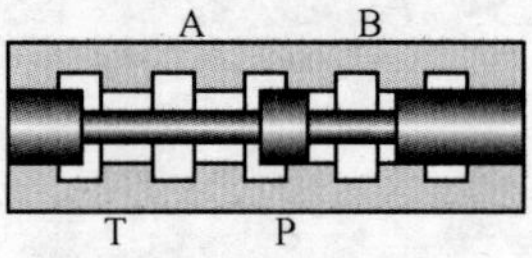	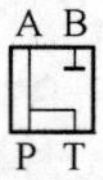 A B P T	
	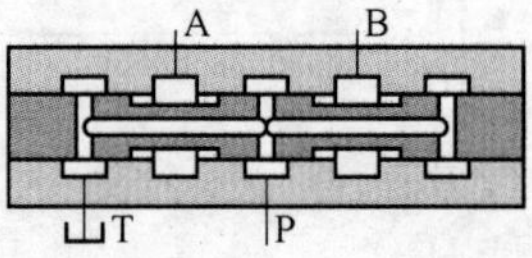	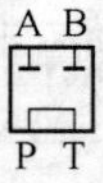 A B P T	

(3)换向阀的"位"指_____;"通"指_____。

写出下列换向阀(表9-2)的名称,并指出在不同位置时,油液流通的情况。

换向阀名称   表9-2

图 形 符 号	名 称	油液流通的情况
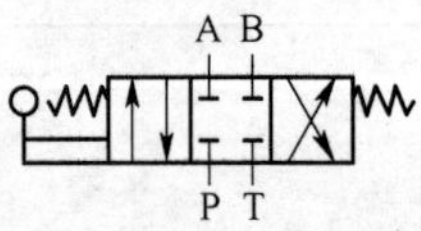 A B P T		左位: 右位: 中位:
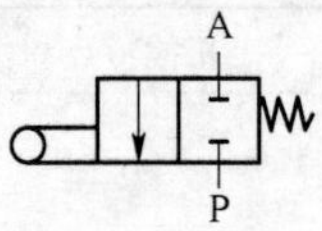 A P		左位: 右位:
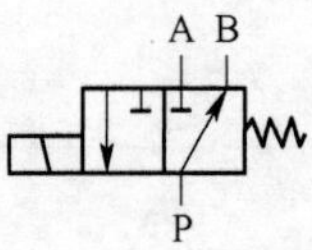 A B P		左位: 右位:
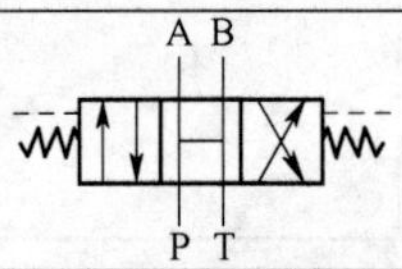 A B P T		左位: 右位: 中位:

图 形 符 号	名　称	油液流通的情况
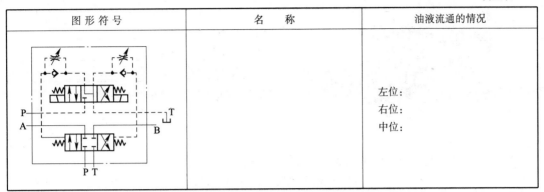		左位： 右位： 中位：

（二）压力控制阀

常见的压力控制阀有_____、_____、_____和_____等。

（1）写出下列压力控制阀（表9-3）的名称。

压力控制阀名称

表9-3

图 形 符 号				
名　称				

（2）指出下列元件的名称及功用，并写出其图形符号，说明其工作情况。

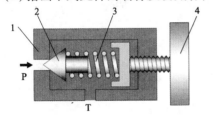

名　　称：_____

功　　用：_____

图形符号：_____

工作情况：_____

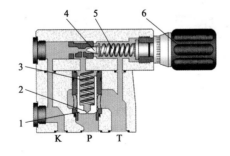

名　　称：_____

功　　用：_____

图形符号：_____

工作情况：_____

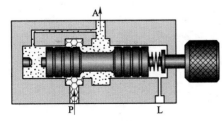

名　　称：_____

功　　用：_____

图形符号：_____

工作情况：_____

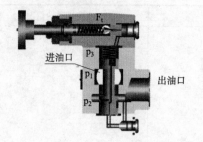

名　　称：＿＿＿＿＿＿＿＿＿＿＿

功　　用：＿＿＿＿＿＿＿＿＿＿＿

图形符号：＿＿＿＿＿＿＿＿＿＿＿

工作情况：＿＿＿＿＿＿＿＿＿＿＿

（3）比较溢流阀、减压阀、顺序阀的区别（表9-4）。

比较溢流阀、减压阀、顺序阀的区别

表9-4

元件名称 区别	溢　流　阀	减　压　阀	顺　序　阀
图形符号			
常态下阀口的启闭状态			
控制油的来源			
泄油方式			

（三）流量控制阀

流量控制阀是通过改变＿＿＿＿＿来实现对流量的控制。常见的流量控制阀有＿＿＿＿＿和＿＿＿＿＿两种。

指出下列元件的名称及功用，并写出其图形符号，说明其工作情况。

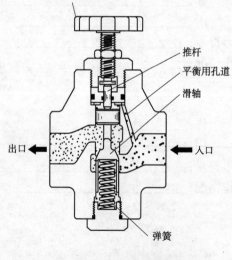

名　　称：＿＿＿＿＿＿＿＿＿＿＿

功　　用：＿＿＿＿＿＿＿＿＿＿＿

图形符号：＿＿＿＿＿＿＿＿＿＿＿

工作情况：＿＿＿＿＿＿＿＿＿＿＿

名　　称：＿＿＿＿＿＿＿＿＿＿＿

功　　用：＿＿＿＿＿＿＿＿＿＿＿

图形符号：＿＿＿＿＿＿＿＿＿＿＿

工作情况：＿＿＿＿＿＿＿＿＿＿＿

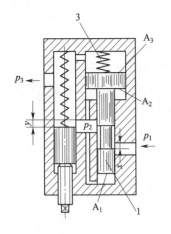

名　　称：＿＿＿＿＿＿＿＿＿＿＿＿

功　　用：＿＿＿＿＿＿＿＿＿＿＿＿

图形符号：＿＿＿＿＿＿＿＿＿＿＿＿

工作情况：＿＿＿＿＿＿＿＿＿＿＿＿

四、实践体验

（一）认识液压系统各种阀的外形

常见的阀有：低压直动式溢流阀（P-B10B）、中低压先导式溢流阀（Y-10B）、高压先导式溢流阀（DB10-1-50B/100U）、中压减压阀（J-10B）、中压节流阀（L-10B）、液控单向阀（IY-25B）、中低压三位四通换向阀（34E-10B）、高压电磁换向阀（3WE6A61B/CG24N9Z5L）。写出下面各元件的名称。

＿＿＿＿＿＿＿＿＿＿　　　　　　＿＿＿＿＿＿＿＿＿＿

＿＿＿＿＿＿＿＿＿＿　　　　　　＿＿＿＿＿＿＿＿＿＿

（二）各种阀的拆装

1.实验步骤

（1）按指导教师的指导或按拆装说明书步骤拆装。

（2）各零件分门别类排放整齐，作出记号。

（3）了解各零件的形状、功能、各零件之间的装配关系和运动关系。

（4）清洗各零件。

（5）按拆装相反顺序安装液压件。安装精密配合件、油封时应按说明书的规定或在指导教师指导下进行安装。

2.注意事项

（1）注意人身安全。

（2）安装要注意清洁工作。

3.操作过程

（1）低压直动式溢流阀（P-B10B），见表9-5。

低压直动式溢流阀   表9-5

示意图	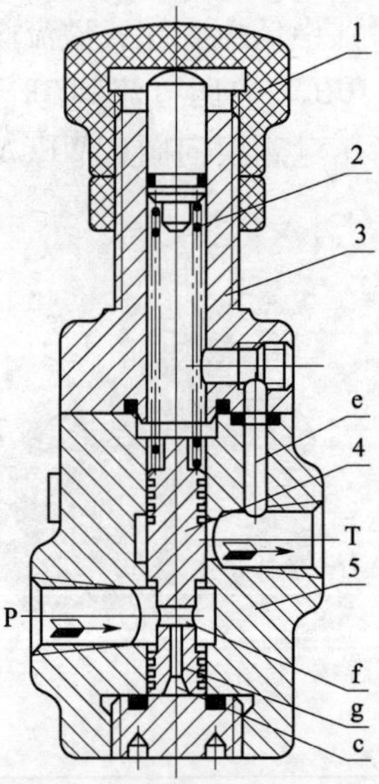 1. _____ 2. _____ 3. _____ 4. _____ 5. _____
操作步骤	①旋松手柄上的止头螺钉，旋出调节手柄，取出弹簧2。 ②旋出螺钉，取出阀体上盖3，取出主阀芯4。
注意事项	
思考题	①主阀芯中心孔 a 的孔径很小，为什么？起什么作用？ ②为什么 P-B 型直动式溢流阀只适用低压、小流量？

90

（2）中低压先导式溢流阀（Y-10B）表9-6。

中低压先导式溢流阀　　　　　　　　　　　　表9-6

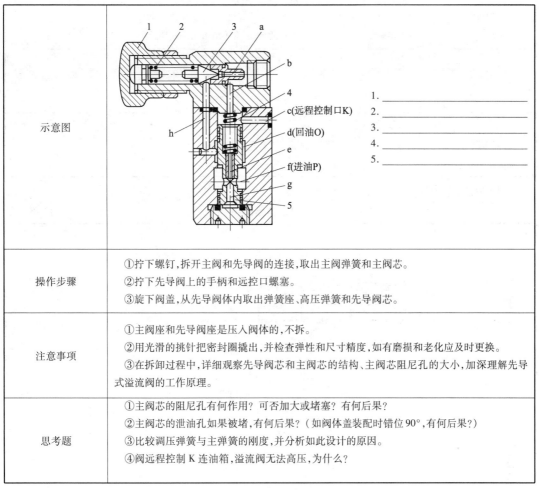

示意图	1. _____ 2. _____ 3. _____ 4. _____ 5. _____
操作步骤	①拧下螺钉，拆开主阀和先导阀的连接，取出主阀弹簧和主阀芯。 ②拧下先导阀上的手柄和远控口螺塞。 ③旋下阀盖，从先导阀体内取出弹簧座、高压弹簧和先导阀芯。
注意事项	①主阀座和先导阀座是压入阀体的，不拆。 ②用光滑的挑针把密封圈撬出，并检查弹性和尺寸精度，如有磨损和老化应及时更换。 ③在拆卸过程中，详细观察先导阀芯和主阀芯的结构、主阀芯阻尼孔的大小，加深理解先导式溢流阀的工作原理。
思考题	①主阀芯的阻尼孔有何作用？可否加大或堵塞？有何后果？ ②主阀芯的泄油孔如果被堵，有何后果？（如阀体盖装配时错位90°，有何后果？） ③比较调压弹簧与主弹簧的刚度，并分析如此设计的原因。 ④阀远程控制K连油箱，溢流阀无法高压，为什么？

（3）高压先导式溢流阀（DB10-1-50B/100U），见表9-7。

高压先导式溢流阀　　　　　　　　　　　　表9-7

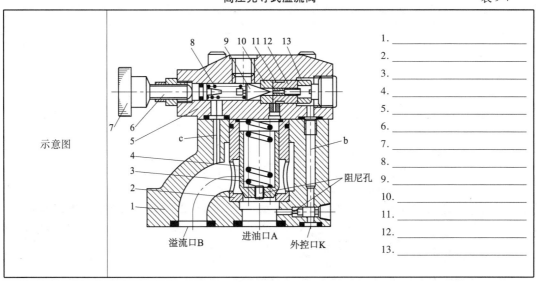

示意图	1. _____ 2. _____ 3. _____ 4. _____ 5. _____ 6. _____ 7. _____ 8. _____ 9. _____ 10. _____ 11. _____ 12. _____ 13. _____

操作步骤	①旋开先导阀上端的紧固螺钉可拿出先导阀,取出主阀弹簧和主阀芯。 ②旋松先导阀阀盖,可从先导阀内取出弹簧座、弹簧和先导阀芯。 ③旋出螺塞,可观察下端阻尼孔通否,若看不清可用小针导通。
注意事项	
思考题	该阀常见故障是下端阻尼孔堵死,若阻尼孔堵死,有何后果?

(4)中压减压阀(J-10B),表9-8。

中压减压阀　　　　　　　　　　　　　　　表9-8

示意图	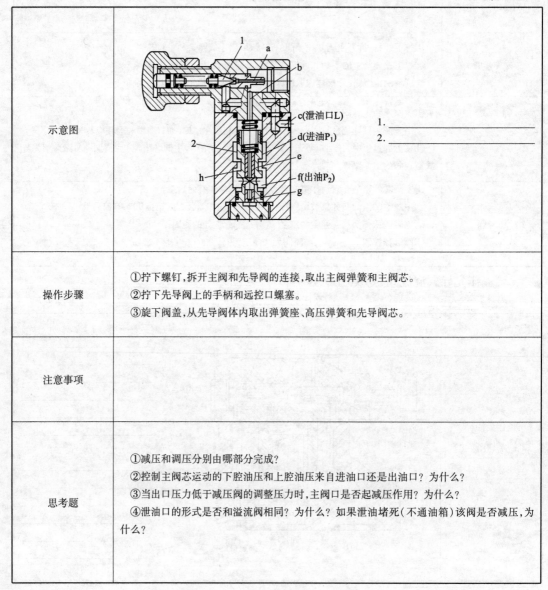 1. ＿＿＿＿＿＿＿＿＿＿＿＿ 2. ＿＿＿＿＿＿＿＿＿＿＿＿
操作步骤	①拧下螺钉,拆开主阀和先导阀的连接,取出主阀弹簧和主阀芯。 ②拧下先导阀上的手柄和远控口螺塞。 ③旋下阀盖,从先导阀体内取出弹簧座、高压弹簧和先导阀芯。
注意事项	
思考题	①减压和调压分别由哪部分完成? ②控制主阀芯运动的下腔油压和上腔油压来自进油口还是出油口? 为什么? ③当出口压力低于减压阀的调整压力时,主阀口是否起减压作用? 为什么? ④泄油口的形式是否和溢流阀相同? 为什么? 如果泄油堵死(不通油箱)该阀是否减压,为什么?

（5）中压节流阀(L-10B)，表9-9。

中压节流阀   表9-9

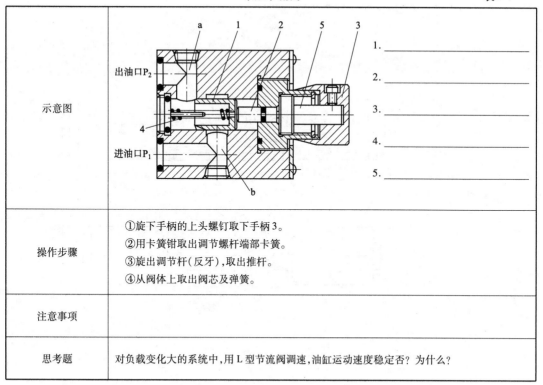

示意图	1. _____ 2. _____ 3. _____ 4. _____ 5. _____
操作步骤	①旋下手柄的上头螺钉取下手柄3。 ②用卡簧钳取出调节螺杆端部卡簧。 ③旋出调节杆(反牙)，取出推杆。 ④从阀体上取出阀芯及弹簧。
注意事项	
思考题	对负载变化大的系统中,用L型节流阀调速,油缸运动速度稳定否？为什么？

（6）液控单向阀(IY-25B)，表9-10。

液控单向阀   表9-10

示意图	1. _____ 2. _____ 3. _____
操作步骤	①旋出前后端盖上的螺盖,卸下两端盖。 ②从阀体内取出弹簧、主阀芯和顶杆。 ③按拆卸时的相反顺序装配。
注意事项	装配前清洗各零件,将阀体、阀芯、项杆等相互配合的零件表面涂润滑油
思考题	①顶杆、控制阀芯、主阀芯的作用是什么？ ②当控制油口通压力油和不通压力油时,此阀的工作状态分别是怎样的？ ③当使用控制油口时,控制油口的压力是否和主油路的压力一致？ ④分析液控单向阀产生泄漏的原因。

（7）中低压三位四通换向阀（34E-10B），表9-11。

表9-11

中低压三位四通换向阀

示意图	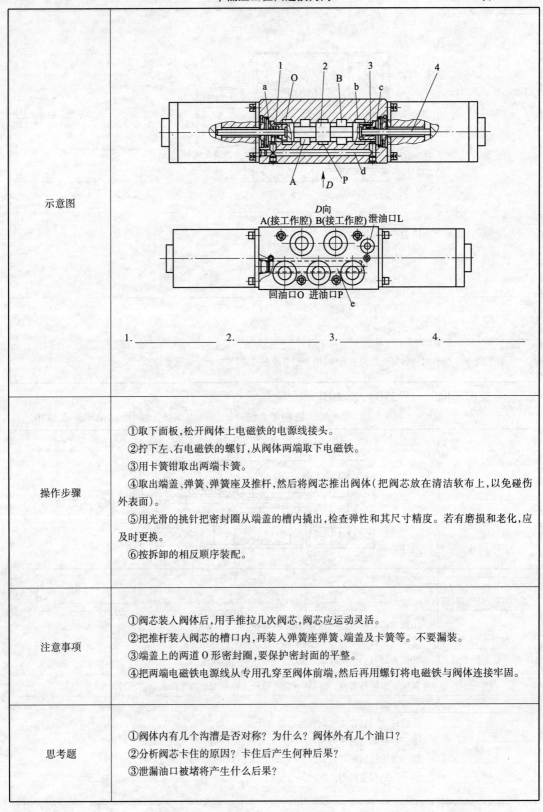 1.＿＿＿＿＿＿　2.＿＿＿＿＿＿　3.＿＿＿＿＿＿　4.＿＿＿＿＿＿
操作步骤	①取下面板，松开阀体上电磁铁的电源线接头。 ②拧下左、右电磁铁的螺钉，从阀体两端取下电磁铁。 ③用卡簧钳取出两端卡簧。 ④取出端盖、弹簧、弹簧座及推杆，然后将阀芯推出阀体（把阀芯放在清洁软布上，以免碰伤外表面）。 ⑤用光滑的挑针把密封圈从端盖的槽内撬出，检查弹性和其尺寸精度。若有磨损和老化，应及时更换。 ⑥按拆卸的相反顺序装配。
注意事项	①阀芯装入阀体后，用手推拉几次阀芯，阀芯应运动灵活。 ②把推杆装入阀芯的槽口内，再装入弹簧座弹簧、端盖及卡簧等。不要漏装。 ③端盖上的两道O形密封圈，要保护密封面的平整。 ④把两端电磁铁电源线从专用孔穿至阀体前端，然后再用螺钉将电磁铁与阀体连接牢固。
思考题	①阀体内有几个沟漕是否对称？为什么？阀体外有几个油口？ ②分析阀芯卡住的原因？卡住后产生何种后果？ ③泄漏油口被堵将产生什么后果？

（8）高压电磁换向阀(3WE6A61B/CG24N9Z5L)，表9-12。

高压电磁换向阀　　　　　　　　表9-12

示意图	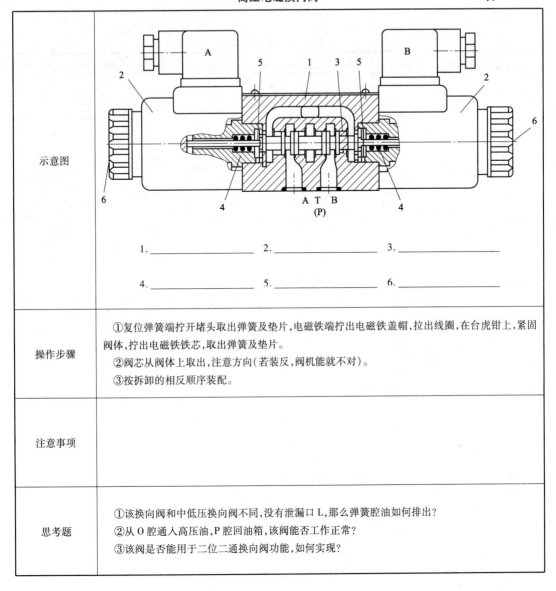

1. _____　　2. _____　　3. _____

4. _____　　5. _____　　6. _____

操作步骤	①复位弹簧端拧开堵头取出弹簧及垫片，电磁铁端拧出电磁铁盖帽，拉出线圈，在台虎钳上，紧固阀体，拧出电磁铁铁芯，取出弹簧及垫片。 ②阀芯从阀体上取出，注意方向（若装反，阀机能就不对）。 ③按拆卸的相反顺序装配。
注意事项	
思考题	①该换向阀和中低压换向阀不同，没有泄漏口L，那么弹簧腔油如何排出？ ②从O腔通入高压油，P腔回油箱，该阀能否工作正常？ ③该阀是否能用于二位二通换向阀功能，如何实现？

五、考核评价

1. 自评

工量具使用	A	B	C	D
技能操作	A	B	C	D
工单填写	A	B	C	D

2. 互评

工量具使用	A	B	C	D
技能操作	A	B	C	D
工单填写	A	B	C	D

3. 教师评价

工量具使用	A	B	C	D
技能操作	A	B	C	D
工单填写	A	B	C	D

评语: _____

_____

_____

学生成绩: _____

任务十　VOLVO 挖掘机主控阀的构造认知

一、学习目标

（1）认识 VOLVO 挖掘机主控阀的外形。

（2）能正确使用拆装工具完成 VOLVO 挖掘机主控阀的拆装,熟悉拆装步骤及方法,装配后能保证其正常工作。

（3）熟悉 VOLVO 挖掘机主控阀的结构,各零件功能、结构形状及其之间的装配关系和运动关系,并理解其工作原理。

（4）遵循操作规程,强化安全意识。

（5）激发学生的学习兴趣,充分调动学生的主观能动性,培养自信心和职业精神。

二、实训设备及工具准备

（1）主要液压元件:沃尔沃主控阀

（2）工具准备:见表 10-1。

实 训 工 具　　　　　　　　　　　　　　　表 10-1

号　　码	工　　具	尺　　寸	数　　量
1	台虎钳	—	1
2	插孔	27mm	1
3		32mm	1
4		41mm	1
5		46mm	1
6	内六角扳手	4mm	1
7		5mm	1
8		6mm	1
9		8mm	1
10		10mm	1
11		12mm	1
12		14mm	1
13		17mm	1
14		19mm	1
15	扭力扳手	750 ~ 40000N · cm (5 ~ 300 ft · lbs)	不同
16	乐泰保护液(Loctite)	# 262	1

三、相关知识

(一)沃尔沃挖掘机主控阀的组成

主控阀简称 MCV,又称分配阀、多路阀(图 10-1)。此阀门阀块包括一个 4 线轴阀块和

97

一个 3 线轴阀块,用螺栓连接,还包括主线轴、主溢流阀、端口溢流阀、大臂与小臂锁定阀、大臂与小臂流量再生阀等。

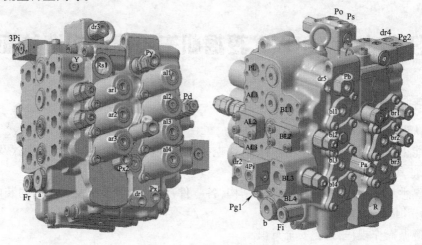

图 10-1　主控阀外形图

(二)写出图 10-2 中所指元件名称

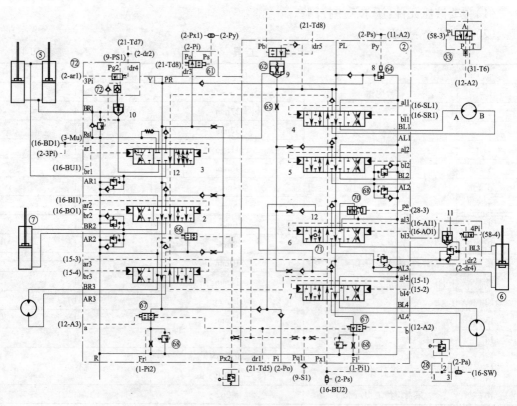

图 10-2　EC210B 液压挖掘机工作原理

1. _____　　2. _____　　3. _____　　4. _____

5. _____　　6. _____　　7. _____　　8. _____

9. _____　　10. _____　　11. _____　　12. _____

（三）认识主控阀各组成元件

1. 主溢流阀

1）结构

结构如图 10-3 所示。

2）原理描述

主溢流阀原理如图 10-4 所示。

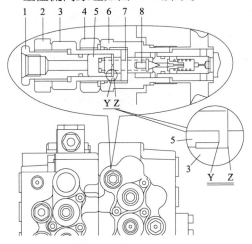

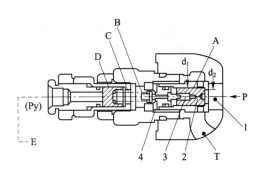

图 10-3　主溢流阀结构

1-螺钉（低压）；2-锁定螺母；3-螺钉（高压）；4-锁定螺母；5-活塞；6-套管；7-调节弹簧；8-伺服液压随转尾座；Y-活塞表面；Z-螺钉（高压）表面

图 10-4　主溢流阀原理

A-主提升阀；B-伺服液压提升阀；C-弹簧；D-活塞；E-伺服液压信号：OFF（关）；P-来自油泵油口；T-油箱通道

（1）Py 伺服液压信号：OFF（关）。

来自油泵的液压油供应通过主提升阀 A 的管口 2 流向工作室 3。

如部分面积 $d_1 > d_2$，主提升阀 A 不会移动。

当压力达到设定数值时：伺服液压提升阀 B 打开时（工作室 3 的压力低）供应的油在孔口 2 的前后产生一个压力差，所以"工作室 1 的压力 $\times d_2$"变得大于"工作室 3 的压力 $\times d_1$"。随着主提升阀 A 的打开使液压油流入油箱通道，环路压力被控制在恒定水平。

（2）Py 伺服液压信号：ON（开）。

伺服液压压力推动活塞 D，弹簧 C 的设定压力增加，这样就提高了设定压力。

3）调节方法

（1）测量条件：

①将机器停放在维修位置 B。

②液压油温度：50℉±5℃（122℉±41℉）。

③工作模式："P"模式（北美：H 模式 ）。

④测量位置：主液压泵上的 P2 量表节门。

⑤铲斗弯进/弯出的满冲程末端（1 泵油流条件）。

注意：

①调整温度应该保持在 50℃±5℃（122℉±41℉）之内，因为不必要的减压（阀门负载）会导致快速温度上升。

②高温液压油和高压液压油会造成严重人员伤害。

③高压下漏油的液压软管可能引起严重伤害。喷溅出的液体在暴露皮肤上很有穿透力。

（2）测量(图10-5)：

①在快速接头上连接油压表(60MPa,8530 psi)。

②起动发动机,设定到"P"模式,测量发动机高怠速时的主要压力。

③将铲斗油缸操作到其冲程终端位置,以检查高/低减压压力。

④操作到(右)操纵杆上部的开关,以测量增压压力。

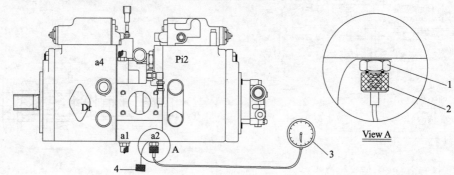

图10-5　液压泵压力测量节门
1-快速耦合器;2-软管(压力表);3-压力表;4-封盖

（3）高压调节(增压压力)(参看图10-3 主溢流阀结构图)。

①拆开连接到减压阀的伺服液压软管,塞住软管管口。

②松开锁定螺母2,将调节螺钉1 顺时针扭动,直到完全到位(Y 与 Z)。

③松开锁定螺母4,将调节螺钉3 按以下方法扭动:利用增加压力,顺时针扭动。要减少压力就逆时针扭动。[转动1/4 圈将改变压力大约4.6MPa(652psi)]。

④牢牢夹住调节螺钉3,然后拧紧锁定螺母4。[拧紧力矩:60N·m(43.3 lbf·ft)]。

⑤重新调节低压设定到额定压力。

⑥重新确认高压或低压设定。

（4）低压调节(标准压力)。

①拆开连接到减压阀的伺服液压软管,塞住软管管口。

②松开锁定螺母2,将调节螺钉1 按以下方法扭动:要增加压力就顺时针扭动,要减少压力就逆时针扭动。

③使调节螺钉1 保持稳定,然后拧紧锁定螺母2。[锁定螺母2 拧紧力矩:60N·m (43.3 lbf·ft)]。

④重新安装减压阀伺服液压软管。

2. 大臂保持阀

1)结构

结构如图10-6 所示。

2)原理

（1）线轴在空挡位置[3Pi 伺服液压信号:OFF(关)]。

活塞 A 的位置如图10-7 所示,伺服液压压力(P_{g2})与工作室 Y 分开。因此,活塞 B 与提升阀 C 的位置也如图10-7 所示,通道5 与6 也与提升阀 C 分开。工作室1 通过管口4 与工作室 2 连通,压力 P_c 被获得。由于部分面积 $d_1 > d_2$、工作室 2 和 3 是完全分开的,提升阀 E 关闭。

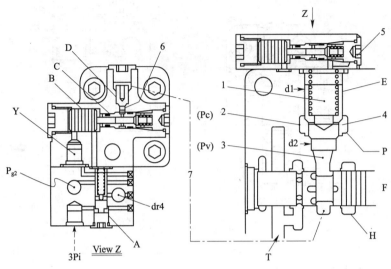

图 10 6　大臂锁定阀结构图

A-活塞;B-活塞;C-随转尾座;D-止回阀;E-随转尾座;F-大臂线轴;P-大臂油缸头侧;H-高压供油管道;T-油箱通道

(2)大臂上升($P_v > P_c$)[3Pi 伺服液压信号:OFF(关)],如图 10-7 所示。

工作室 1 通过管口 4 与工作室 2 连通时,压力(P_c)被获得,随转尾座 E 将打开。高压油供应管道流向油缸活塞侧。

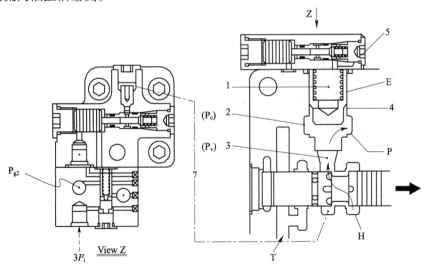

图 10-7　大臂上升

P-大臂油缸头侧;H-高压供油管道;E-随转尾座;$3P_i$-伺服液压压力;T-油箱通道

(3)大臂下降($P_c > P_v$)[3Pi 伺服液压信号:ON(开)],如图 10-8 所示。

当利用伺服液压压力($3P_i$)时,活塞 A 上移,伺服液压压力(P_{g2})流到工作室 Y。活塞 B 与随转尾座 C 移向右侧,这样通道 5 与 6 就连通。

因为工作室 3 连通油箱通道(通过线轴移动到左侧),工作室 1 的机油通过通道 5 与 6 打开止回阀 D,然后通过通道 7 流到油箱管道。因此,压力 P_c 用于(面积 d_1 - 面积 d_2)。随转尾座 E 打开,机油现在从油缸活塞侧回流到油箱管道。

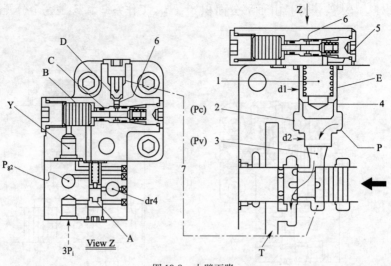

图 10-8 大臂下降

A-活塞；B-活塞；C-随转尾座；D-止回阀；E-随转尾座；P-大臂油缸活塞侧；3Pi-伺服液压压力节门；T-油箱通道

3. 大臂流量再生阀（图 10-9）

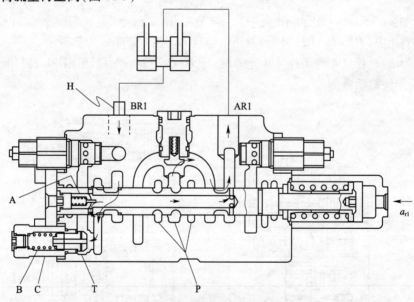

图 10-9 大臂流量再生阀

A-止回阀；B-弹簧；C-倒退压力止回阀；H-大臂锁定阀；P-中央旁通管道；T-油箱通道

伺服液压压力（a_{r1}）将大臂线轴推到左侧（大臂下降），来自油泵的加压油流打开负荷止回阀，流过 U 形管道、线轴回路槽口以及节门 AR1，流到油缸活杆侧。

回油从节门 BR1 流向线轴回路槽口，通过线轴内部的管道流到止回阀 A。在油压升高时，它会克制弹簧压力，打开止回阀，与通过节门 AR1 的油流汇合，进入油缸活杆侧。

这一过程可在大臂下降时防止气泡出现。

4. 小臂保持阀（图 10-10）

1）线轴在空挡位置［4Pi 伺服液压信号：OFF（关）］

线轴 A 位置如图 10-11 所示，工作室 1 与排油管 Dr2 分开。工作室 1 通过管口 4 与工作室 2 连通时，工作室 1 内的压力将是 P_c。因为面积 $d_1 > d_2$，随转尾座 B 不能活动，工作室 2

和工作室 3 分开,以使小臂保持在该位置。

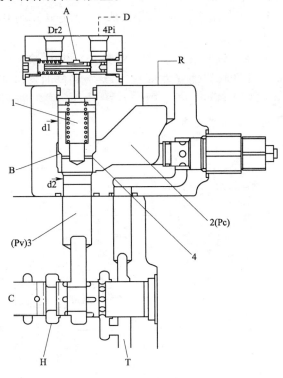

图 10-10　小臂锁定阀

A-线轴;B-随转尾座;C-小臂线轴;D-伺服液压信号节门;R-小臂活杆;H-高压供油管道;T-油箱通道

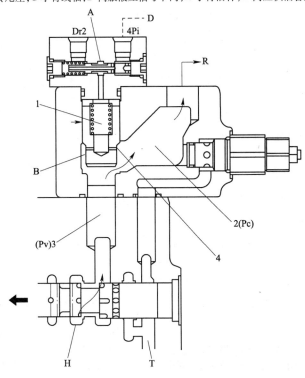

图 10-11　小臂伸出

A-线轴;B-随转尾座;D-伺服液压信号节门;R-小臂活杆;H-高压供油管道;T-油箱通道

2)小臂伸出($P_v > P_c$)[4Pi 伺服液压信号:OFF(关)]

工作室 1 通过管口 4 与工作室 2 连通时,压力成为 P_c,随转尾座 B 将打开。高压供应管道内的机油(P_v)通过工作室 3 供应到油缸活杆侧。

3)小臂缩入($P_c > P_v$)[4Pi 伺服液压信号:ON(开)](图 10-12)

当应用伺服液压压力 4Pi 时,线轴 A 左移,工作室 1 和排油管(Dr2)连接。工作室 1 中的机油排空,工作室 2 中的压力降低。当应用压力 P_c(面积 d_1 - 面积 d_2),随转尾座 B 将打开,机油从气缸、连杆侧流回至油箱通道。

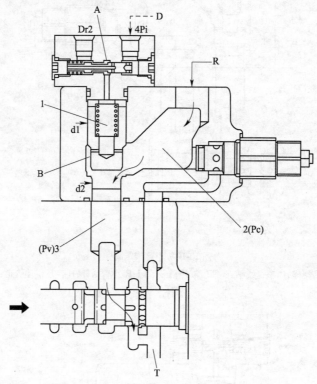

图 10-12　小臂缩入

A-线轴;B-随转尾座;D-伺服液压信号节门;R-小臂活杆;T-油箱通道

5. 小臂油量再生阀(图 10-13)

伺服液压压力(a_{13})将小臂线轴推到右侧(小臂缩入),阻挡中央旁通管道,来自油泵的加压油流打开负荷止回阀,流过 U 形管道、线轴回路槽口以及节门 AL3,流到油缸活杆侧。

1)活杆侧的压力是高压($P_B > P_A$)

回油从节门 BL3 流向线轴回路槽口,流到受限制的管道 1 和 2,该处油压上升,移动线轴 C,打开通向止回阀 A 的一个狭窄通道。检查打开时,油流通过限制内的管道与通过节门 AL3 的油流汇合,进入油缸活塞侧。这时,弹簧工作室 3 内的油通过止回阀 E 流向节门 P_a(Dr),这样弹簧工作室 3 内的压力成为 P_a(Dr),如图 10-14 所示。此过程会防止小臂操控中油缸内有气泡。

2)活塞侧的压力是高压($P_A > P_B$)

AL3 的压力大于 BL3 时,止回阀 A 关闭。加压机油作用于活塞 B,如果它超过了弹簧力 D,活塞 B 与线轴 C 移到右侧,通道 2 会门户大开。现在回油流经不受限制的通道 1 和 2 进入油箱。如果伺服液压压力施加到节门(p_a),伺服液压压力被活塞面积扩大数倍,并加上弹簧力,移动线轴 C,关闭通道 2。随着回油压力增加,油量再生过程就开始,如图 10-15 所示。

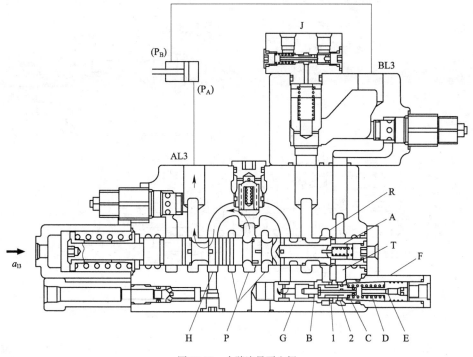

图 10-13　小臂流量再生阀

A-止回阀;B-活塞;C-线轴;D-弹簧;E-止回阀;F-小臂油量再生阀;G-用于交合之止回阀;H-高压供油管道;P-中央旁通管道;R-保留管道;T-油箱通道;J-小臂锁定阀

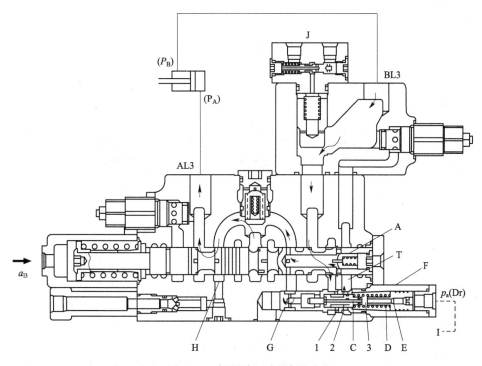

图 10-14　当活杆侧压力是高压时

A-止回阀;C-线轴;H-高压供油管道;T-油箱通道

105

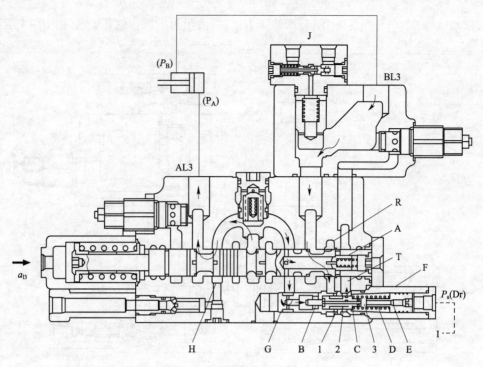

图 10-15　当活塞侧的压力是高压时

A-止回阀;B-活塞;C-线轴;D-弹簧;E-止回阀;F-小臂油量再生阀;G-用于交合之止回阀;H-高压供油管道;I-伺服液压油;
R-保留管道;T-油箱通道;J-小臂锁定阀

当节门(P_a)处在无负荷状态,弹簧工作室 3 内的机油通过止回阀 E 流向节门 $P_a(\mathrm{Dr})$,这样弹簧工作室 3 内的压力成为 $P_a(\mathrm{Dr})$。

6.逻辑阀

1)在空挡和大臂下降位置[伺服液压信号:OFF(关)]

逻辑阀在空挡和大臂下降位置如图 10-16 所示。

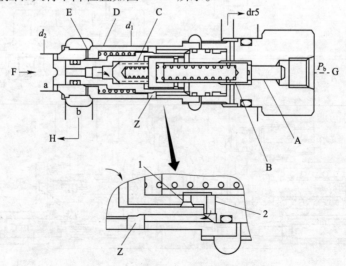

图 10-16　逻辑阀在空挡和大臂下降位置

A-活塞;B-活塞;C-止回阀;D-随转尾座;E-管口;F-来自 P_L 油泵(P_a);G-大臂上升伺服液压油;H-高压供油管道用于 3 线
轴侧大臂(P_b)

活塞 A 与 B 位置如图 10-16 所示，有弹簧力控制。止回阀 C 打开时，在 a 节门的压力 P_a 通过通道 1 和 2 流向工作室 Z。在 b 节门的压力 P_b，从随转尾座 D 的管口 E 流向工作室 Z。此过程防止小臂操控中油缸内气泡的产生。

在 $P_a > P_b$ 情况下：当面积 $d_1 > d_2$，提升阀 D 仍然在原来位置，a 与 b 之间的通道切断。（大臂下降后，有油通过管口 E 漏出）。

在 $P_a < P_b$ 情况下：工作室 Z 内压力通过提升阀 D 的管口 E 而成为 P_b，这样，止回阀 C 关闭。提升阀 D 因为 d_1 和 d_2 之间的面积差异而留在原位，b 与 a 之间的通道关闭。

2）大臂上升［伺服液压信号：ON（开）］

大臂上升时（图 10-17），伺服液压压力施加到 P_b 节门。活塞 A 与 B 移动到左侧，通道 1 与 2 切断。

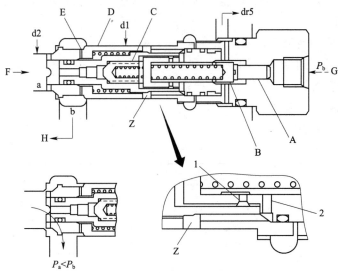

图 10-17　逻辑阀，大臂上升

A-活塞；B-活塞；C-止回阀；D-随转尾座；E-管口；F-来自 PL 油泵（P_a）；G-大臂上升伺服液压油；H-高压供油管道用于 3 线轴侧大臂（P_b）

在 $P_a > P_b$ 情况下：工作室 Z 内的压力通过随转尾座 D 的管口 E 而成为 P_b，这样，随转尾座 D 打开，油流从 a 流向 b。

在 $P_a < P_b$ 情况下：工作室 Z 内压力通过随转尾座 D 的管口 E 而成为 P_b。塞子 D 留在原位，b 与 a 之间的通道关闭。此过程防止小臂操控中油缸内气泡的产生。

四、实践体验

（一）主控阀检查

1. 检查注意事项

（1）在从机器上拆卸控制阀前，要将其彻底清洁。

（2）在从控制阀上断开所有软管前，要将软管做标记。

（3）软管都要用封帽封住，所有节门也要塞住，以防止杂质进入。

（4）使用吊环螺栓提起控制阀。不要掉落在减压阀上或线轴封帽上。

（5）控制阀比较重，处理时要采取适当安全措施。

2. 拆卸注意事项

（1）拆卸控制阀时不可用力过分，不可用尖利和高硬度的工具。

（2）处理部件时要小心，保护好高度打光的精密表面。如这些表面有损坏，会引起内部漏油，导致功能故障。

（3）在重新装配时，要对准部件上指示其原来位置的标记。

（4）注意，不要混杂不同止回阀与油流阀的部件。

（5）检查并分析所有故障。判断出最根本的故障原因！

3. 装配注意事项

（1）用清洁剂清洁所有部件，并用压缩空气烘干。

（2）损坏部件要修理，较小的划痕、凹痕、伤痕与尖锐边角可用细砂纸或粗布磨光。要准备好所有更换部件。

（3）滑动部分要用清洁液压油涂抹一遍。

（4）更换密封件、O 形环以及托环。

（5）使用一个扭力扳手，用规定力矩拧紧螺栓与塞子。

（6）注意各线轴不可互相更换。

4. 一般检查（见表 10-2）

一般 检 查　　　　　　　　　　　　　　　　　　　　表 10-2

序号	部　件	检查项目	说　明
1	壳体	检查有无裂缝、裂口与锈蚀，并用不同检测技术检查有无潜在裂缝，比如用磁通量方法或染色法	（1）如果有伤痕、锈痕及腐蚀等，用2000号砂纸和粗布修正； （2）如果有无法修复的损坏，就要用新零件更换
		阀门壳体是无法维修部件，如果有损伤，就更换全部控制阀组件	（1）壳体镗孔：线轴与滑动部件； （2）特别适用于压力保持部位。 阀座：止回阀阀座。 节门密封：O 形环接触表面。 密封：主减压，节门减压镗孔接触表面
2	线轴	检查外径上的凹痕、刮痕与锈蚀	如果有伤痕、刮痕、锈痕及腐蚀等，用2000 号砂纸和粗布修正
		如果在外径上发现裂缝，检查有关壳体钻孔	线轴是无法维修部件。如果有损伤，就更换全部控制阀组件
		将线轴塞入其钻孔，一边旋转一边做前进/倒退动作	如果有缠绕之处，可尝试用粗布轻轻地磨光线轴
		检查止回阀及其底座以及线轴内部有无裂缝	如有裂缝或在底座密封表面有部分接触痕迹，要更换该阀
		将止回阀塞入线轴，做前进/倒退动作	如果卡住就将其更换
		检查弹簧	如有损坏，或发热变色，就将其更换
3	回弹弹簧，后侧	检查弹簧、弹簧导件、线轴封帽以及盖子有无锈痕、腐蚀以及其他损伤	如有磨损或损坏，更换该部件

序号	部 件	检查项目	说 明
4	负荷止回阀	检查止回阀的底座	如有裂缝或在底座有部分接触痕迹,要更换该部件
		检查弹簧	如有损坏就更换
5	管口	检查脚减压阀管口是否堵塞	如果堵塞,用一导管疏通 注意:不要扭曲或更改孔口尺寸
6	大臂锁定阀,伺服液压逻辑阀	检查随转尾座底座有无裂缝	如有裂缝或在底座有部分接触痕迹,要更换该部件
		将随转尾座塞入,做前进/倒退动作	如果卡住就将其更换
7	主释放,节门减压阀	检查底座有无裂缝	如有裂缝或在底座有部分接触痕迹,要将其更换
		检查管口是否堵塞	如果堵塞,用一导管疏通
		将随转尾座塞入,做前进/倒退动作	如果卡住就将其更换
		检查弹簧	如有损坏,或发热变色,就将其更换
		用肉眼判断减压阀是否损坏很困难,因此要小心地检查其操作状况	

(二)主控阀拆装

主控阀拆装操作过程见表10-3。

主控阀拆装操作过程　　　　　　　　　　　　表10-3

序号	操作步骤	示 意 图	注意事项
1	主溢流阀拆卸和组装: (1)夹住调节螺钉1,松开锁定螺母2; (2)夹住封帽4,松开锁定螺母3; (3)拆掉封帽4并拆掉套管,拆掉套筒6,拉出活塞7、弹簧8以及管口9; (4)松开各个螺钉与螺母	 主溢流阀 拆除活塞等	不要拆除伺服液压座,因为它是压装的

序号	操作步骤	示意图	注意事项
2	大臂锁定阀拆卸 拆卸时,在部件上做标记,以使装配更加便利 主体止回阀 (1)拆除螺钉1并拆除盖子组件2; (2)拉出弹簧3和随转尾座4; 工具:内六角扳手10mm; 拧紧力矩:100N·m(72 lbf·ft) 选择器阀 拆掉封帽5,拉出活塞6以及弹簧7 工具:内六角扳手6mm; 拧紧力矩:30N·m(22lbf·ft) 盖组件 (1)拆掉封帽8,拉出弹簧9并检查随转尾座10; 工具:内六角扳手8mm; 拧紧力矩:50N·m(36lbf·ft)	大臂锁定阀 主体止回阀 选择器阀 盖组件 拆卸弹簧等	重新组装时,确保O形环先安装在壳体进口,然后再组装盖

110

序号	操作步骤	示意图	注意事项
2	（2）拆掉封帽 11，拉出活塞 12； 工具：内六角扳手 10mm； 拧紧力矩：60N·m(43lbf·ft) （3）拆掉封帽 16，拉出弹簧 15 以及随转尾座 14； 工具：内六角扳手 8mm； 拧紧力矩：50N·m(36lbf·ft) （4）拉出套筒 13，方法是轻轻敲击轴盖的左侧	拆卸活塞 拆除随转尾座	小心不要损坏套管的表面边缘(φ5)
3	小臂保持阀拆卸和组装 小臂锁定阀 （1）拆除螺钉 1，并拆除轴盖 2； 工具：内六角扳手 6mm； 拧紧力矩：50N·m(36lbf·ft) （2）拉出弹簧座 3、弹簧 4 以及随转尾座 5	小臂锁定阀 A.小臂节门减压阀 拆卸弹簧等	拆卸时，在部件上做标记，以使装配更加便利； 组装时，确保 O 形环在组装前先安装在歧管进口

序号	操作步骤	示 意 图	注意事项
3	盖组件 拆掉封帽6和拉出弹簧7、阀座8以及线轴9 工具:内六角扳手6mm; 拧紧力矩:30N·m(22lbf·ft)	拆卸线轴	
4	小臂流量再生和小臂合流止回阀拆卸和组装 小臂油量再生与小臂交合止回阀 (1)拆掉封帽1,拉出弹簧2以及线轴3: 工具:27mm 内六角插孔扳手; 拧紧力矩:100N·m(72 lbf·ft) (2)拆掉套筒4,拉出活塞5、弹簧6和止回阀7; (3)拆掉封帽8,拉出活塞9: 工具:27mm 内六角插孔扳手; 拧紧力矩:40N·m(29lbf·ft): (4)从活塞9上拆掉塞子10,拉出止回阀11: 工具:内六角扳手4mm; 拧紧力矩:8N·m(6lbf·ft)	拆卸小臂油量再生和小臂交合止回阀 拆卸塞子和止回阀	拆卸时,在部件上做标记,以使装配更加便利

112

序号	操作步骤	示意图	注意事项
5	小臂平行合流阀拆卸和组装 (1)拆掉封帽1,拉出弹簧2、弹簧座3和线轴4; 　工具:30mm 内六角插孔扳手; 　拧紧力矩:60N·m(43.3lbf·ft) (2)拆除螺钉5和复合件; 　工具:内六角扳手6mm; 　拧紧力矩:30N·m(21.7lbf·ft)	小臂平行交合阀 拆卸线轴等	拆卸时,在部件上做标记,以使装配更加便利
6	逻辑阀拆卸和组装 (1)拆除封帽1,拉出活塞2,3和弹簧4。拉出套筒13,方法是轻轻敲击轴盖的左侧; 　工具:36mm 内六角插孔扳手; 　拧紧力矩:100N·m(72.2lbf·ft) (2)利用横向孔拆掉套筒5,拉出弹簧6和止回阀7;	逻辑阀 拆卸弹簧等 拆卸止回阀等	拆卸时,在部件上做标记,以使装配更加便利

113

序号	操作步骤	示意图	注意事项
6	（3）将带螺纹螺钉（M5×0.8）的一根圆棒塞入套筒8一端，拉出套筒； （4）拉出弹簧9和随转尾座10	M5×0.8 拆卸套筒等 拆卸弹簧等 拆卸止回阀等	
7	直行变位阀拆卸和组装 （1）拆掉封帽1，拉出线轴组件； 工具：30mm内六角插孔扳手； 拧紧力矩：60N·m 直行转换阀 （2）用夹具和台虎钳夹住线轴，松开线轴帽2； 工具：13mm内六角插孔扳手； 拧紧力矩：15N·m 拆卸线轴总成		拆卸时，在部件上做标记，以使装配更加便利； 在组装前拧紧螺母

序号	操作步骤	示意图	注意事项
7	（3）拆掉螺母2,拉掉隔离件3、弹簧4和弹簧座5	拆卸弹簧等	
8	脚减压阀(油流感知阀)拆卸 （1）拆掉封帽1,拉出随转尾座2； （2）拆掉封帽3,拉出垫片4和弹簧5 工具:30mm 内六角插孔扳手； 拧紧力矩:60N·m(43lbf·ft)	脚减压阀 拆卸随转尾座等	拆卸时,在部件上做标记,以使装配更加便利； 如果调节压力的垫片被安装,确认其数量
9	中央旁通阀拆卸和组装 拆掉封帽1,拉出弹簧2以及线轴3 工具:41mm 内六角插孔扳手； 拧紧力矩:100N·m (72lbf·ft)	中央旁通阀 拆卸弹簧	拆卸时,在部件上做标记,以使装配更加便利； 注意线轴槽口在3阀柱侧和4阀柱侧是不同的

115

五、考核评价

1. 自评

工量具使用	A	B	C	D
技能操作	A	B	C	D
工单填写	A	B	C	D

2. 互评

工量具使用	A	B	C	D
技能操作	A	B	C	D
工单填写	A	B	C	D

3. 教师评价

工量具使用	A	B	C	D
技能操作	A	B	C	D
工单填写	A	B	C	D

评语：_____

_____

_____

学生成绩：_____

任务十一　方向控制回路试验

一、学习目标

（1）能读懂方向控制回路液压系统图，并能描述其工作原理。

（2）能进行各类方向控制回路的连接，并采用按钮控制方式，完成动作演示。

（3）能正确指认方向控制回路的各个液压元件，并能描述其在回路中所起的作用。

（4）遵循操作规程，强化安全意识。

（5）激发学生的学习兴趣，充分调动学生的主观能动性，培养自信心和职业精神。

二、实训设备及工具准备

（1）主要液压元件：液压泵、液压缸、液压控制阀、液压油管、管接头等。

（2）主要实训设备：THPYC-1A 型液压传动与 PLC 实训装置。

三、相关知识

方向控制回路是_____液流方向的回路，液流方向不同，执行元件的运动方向也就不同。常见的方向控制回路有_____和_____两种。

（一）换向回路

换向回路用于控制液压系统中的液流_____，从而改变执行元件的_____。

1. 换向阀换向回路

在开式系统中常用换向阀换向。图 11-1 所示为利用三位四通电磁换向阀的换向回路。按下起动按钮，_____通电，阀左位工作，液压缸_____腔进油，活塞_____移；当 1YA 断电、_____通电，阀右位工作，液压缸_____腔进油，活塞_____移。这样改变换向阀的工作位置，就可改变活塞的移动方向。1 YA 和 2YA 都断电，活塞_____运动。

由二位四通、三位四通、三位五通电磁换向阀组成的换向回路是较常用的。电磁换向阀组成的换向回路操作方便，易于实现自动化，但换向时间短，故换向冲击大（尤以交流电磁阀更甚），适用于小流量、平稳性要求不高的场合。

2. 双向变量泵换向回路

在闭式系统中常用双向变量泵换向。

如图 11-2 所示，此换向回路主要由 1. _____ 2. _____ 3. _____ 4. _____等液压元件组成，利用双向变量泵直接改变_____方向，以实现液压缸（或液压马达）的换向。

这种换向回路比普通换向阀换向平稳，多用于大功率的液压系统中，如龙门刨床、拉床等液压系统。

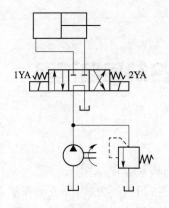

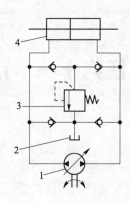

图 11-1　电磁换向阀换向回路　　　　图 11-2　双向变量泵换向回路

（二）锁紧回路

能使_____在任意位置上停留,且停留后不会在外力作用下移动位置的回路称锁紧回路。

1. 换向阀锁紧回路

利用_____型或_____型滑阀机能换向阀都能使_____锁紧在任意位置。如图 11-3 所示,当换向阀阀芯处于中间位置时,液压缸的进出油口均被关闭,活塞即被锁紧。

这种锁紧回路由于换向阀的泄漏,难以保证长时间闭锁,故只用于锁紧要求不高,或短时停留的场合。

2. 双向液压锁锁紧回路

图 11-4 所示为采用双向液压锁(由两个液控止回阀组成)的锁紧回路。液压缸两个油口处各装一个_____,当换向阀处于左位或右位工作时,液控止回阀控制口 K_1 或 K_2 通入压力油,缸的回油便可反向通过止回阀口,此时活塞可向右或向左移动;当换向阀处于中位时,因阀的中位机能为 H 型,两个液控止回阀的控制油直接通_____,故控制压力立即消失,液控止回阀不再反向导通,液压缸因两腔油液封闭便被锁紧。由于液控止回阀的反向密封性很好,因此锁紧可靠。

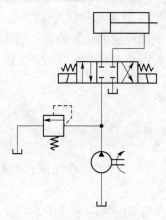

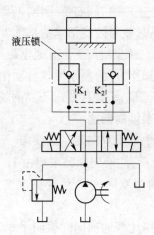

图 11-3　换向阀锁紧回路　　　　　图 11-4　双向液压锁锁紧回路

118

四、实践体验

(一)认识 THPYC-1A 型液压传动与 PLC 实训装置

THPYC-1A 型液压传动与 PLC 实训装置主要由实训台、液压泵站、各种液压元件、测量仪器表、电气控制单元等及部分组成,如图 11-5 所示。电气控制单元包含电源模块、PLC 主机模块、控制按钮模块、直流继电器模块、时间继电器模块等。各个液压元件成独立模块,均装有带弹性插脚的底板,实训时可在通用铝型材板上组装成各种液压系统回路,液压回路可采用独立的继电器控制单元进行电气控制,也可采用 PLC 控制。液压回路采用快速接头,电控回路采用带防护功能的专用实训连接导线,搭建回路时由学生根据指导书或自行设计手动搭建系统回路。

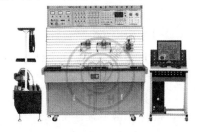

图 11-5　THPYC-1A 型液压传动与 PLC 实训装置

该装置带有电流型漏电保护,对地漏电电流超过 30mA 即切断电源;电气控制采用直流 24V 电源,并带有过电流保护,防止误操作损坏设备;三相电源断相、相序保护,当断相或相序改变后,切断回路电源,以防止电动机反转,而损坏油泵;系统额定压力为 6.3MPa,当超越此值时,自动卸荷。

(二)操作 THPYC-1A 型液压传动与 PLC 实训装置

1.注意事项

(1)试验过程中,应注意安全和爱护试验设备,严格遵守试验规程,在试验老师的指导下进行,切勿盲目进行试验。

(2)试验前先要对试验回路进行理论分析,掌握回路工作的基本原理,列出可预期的试验效果(现象),要熟悉本回路将使用到的所用元器件的基本功能、结构及使用方法。

(3)液压回路装配开始前,应先根据回路原理图对元件的安装进行布局设计,要首先考虑对于有特殊安装要求的元件,在确定元件位置时,要注意各油孔的接头方向,对有关的连接必要时进行调整,使之尽可能合理。合理的布局应该是元件拆装方便,油管连接容易、走向清晰并尽可能地避免交叉、折弯,使得回路工作时可以很方便的进行观察和理解。

(4)在使用液压控制元件时,均要注意其进出油孔及其他油孔(如控制油孔、泄油孔等)的确切位置,不允许接错接反,使用前注意先拔出油孔内的油塞,使用后,应将内部余油倒出,并用橡胶塞塞住油孔,清除油渍,保持清洁。

(5)元件布局后进行油路连接,连接时注意油管插入接头时一定要到位,然后拉紧接头卡环,否则接头处在通入压力油后很容易造成漏油甚至脱开。

(6)安装完毕后,应仔细检查回路及油孔是否有错,电路连接线与插孔是否插错及未插到底,确保油路、电路连接无误后再通电,起动油泵电动机。

(7)操作相应按钮进行演示时,注意观察各种现象,如控制元件、执行元件的动作及动作的顺序。

(8)在试验过程中,试验元器件务必注意稳拿轻放,防止碰撞;液压元件均装有带弹性插脚的底板,试验时可在通用铝型材板上组装成各种液压系统回路,试验过程中,确认安装稳妥无误才能进行加压试验。

(9)试验过程中,绝对禁止强行拆卸,不要强行旋钮各种元件的手柄,以免造成人为损坏。

(10)试验过程中,注意压力的调整,不得将压力调的太高(0.4~0.6MPa)。

(11)试验过程中,发现异常现象(如异常噪声、喷油等)应立即切断电源和保护现场,并向指导老师报告,以便妥善处理,注意只有当回路释压后才能重新进行试验。

(12)试验完毕后,要清理好元器件,注意元件的维护和试验台的整洁。

2. 操作步骤

(1)液压回路原理分析。

(2)液压元件准备。根据液压回路图的分析结果,确定并准备好试验所需要使用的所有液压元件。

(3)液压回路连接。液压元件准备完毕、核定无误后,进行合理布局,并用软管和接头在液压试验装置上连接油路,连接电路。

(4)演示操作,观察现象。接通电源,起动电动机,演示试验,观察试验现象,做好试验记录。

(5)液压回路拆除。试验完毕,拆卸液压回路,将液压元件归位、维护,清理试验台。

(6)试验总结。根据试验过程中观察并记录到的现象(包括故障情况),结合本试验回路的基本原理进行分析总结,完成相应的试验报告。

(三)方向控制回路试验

1. 换向回路

1)液压元件准备

按照图 11-6 所示液压回路,准备好所需要使用的所有液压元件:

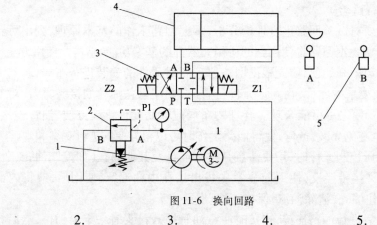

图 11-6 换向回路

1._____   2._____   3._____   4._____   5._____。

2)液压回路连接

液压元件准备完毕核定无误后,进行合理布局,用软管和接头在液压试验装置上连接成试验油路,并连接电路。

3)分析该自动控制换向回路的工作原理

_____

_____

_____

_____

4）演示操作

观察现象，验证步骤三的分析是否正确。

（1）在未连接换向阀的情况下，调节溢流阀，使得 P 的出口压力为 5MPa。

（2）电磁换向阀 Z1 通电、Z2 断电，观察油缸活塞杆的运动方向；电磁换向阀 Z2 通电、Z1 断电，观察油缸活塞杆的运动方向。

（3）试验现象及结论（表 11-1）。

换向回路试验现象及结论 表 11-1

操 作 步 骤	换向阀的工作位置	油缸活塞杆的运动方向	试验结论（可分析该回路的特点，油缸活塞杆的运动方向为什么不同，掌握其工作原理）
电磁换向阀 Z1 通电、Z2 断电			
电磁换向阀 Z2 通电、Z1 断电			

5）液压回路拆除

试验完毕，拆卸液压回路，将液压元件归位、维护，清理试验台。

6）试验总结

根据试验过程中观察及记录的现象，包括故障情况，结合本试验回路的基本原理自行进行分析总结。

2. 锁紧回路

1）液压元件准备

按照图 11-7 所示液压回路图，准备好所需要使用的所有液压元件：

1. _____ 2. _____ 3. _____ 4. _____。

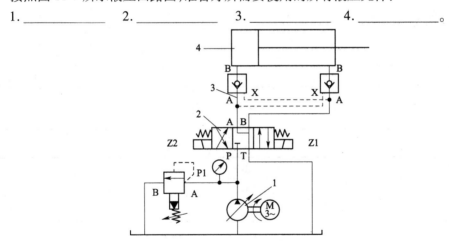

图 11-7 锁紧回路

2）液压回路连接

液压元件准备完毕核定无误后，进行合理布局，用软管和接头在液压试验装置上连接成试验油路，并连接电路。

3）分析该锁紧回路的工作原理

_____

_____

_____

4）演示操作

观察现象,验证步骤3)的分析是否正确。

(1)在断开接头 P 的情况下,调节溢流阀,使得 P 的出口压力为 5MPa。

(2)电磁换向阀 Z1 通电、Z2 断电,观察油缸活塞杆运动方向;电磁换向阀 Z2 通电、Z1 断电,观察油缸活塞杆运动方向;电磁换向阀 Z2、Z1 都断电,观察油缸活塞杆的运动方向。

(3)试验现象及结论(表 11-2)。

锁紧回路试验现象及结论 表 11-2

操 作 步 骤	换向阀的工作位置	液压缸的运动状态	试验结论(可分析该回路的特点,锁紧阀在该回路中所起的作用,掌握其工作原理)
电磁换向阀 Z1 通电、Z2 断电			
电磁换向阀 Z2 通电、Z1 断电			
电磁换向阀 Z2 断电、Z1 断电			

5）液压回路拆除

试验完毕,拆除液压回路,将液压元件归位、维护,清理试验台。

6）试验总结

根据试验过程中观察并记录的现象,包括故障情况,结合本试验回路的基本原理自行进行分析总结。

五、考核评价

1. 自评

工量具使用	A	B	C	D
技能操作	A	B	C	D
工单填写	A	B	C	D

2. 互评

工量具使用	A	B	C	D
技能操作	A	B	C	D
工单填写	A	B	C	D

3. 教师评价

工量具使用	A	B	C	D
技能操作	A	B	C	D
工单填写	A	B	C	D

评语:_____

_____

_____

学生成绩:_____

任务十二 压力控制回路试验

一、学习目标

（1）能读懂压力控制回路液压系统图，并能描述其工作原理。

（2）能进行各类压力控制回路的连接，并采用按钮控制方式，完成动作演示。

（3）能正确指认压力控制回路的液压元件，并能描述其在回路中所起的作用。

（4）遵循操作规程，强化安全意识。

（5）激发学生的学习兴趣，充分调动学生的主观能动性，培养自信心和职业精神。

二、实训设备及工具准备

（1）主要液压元件：液压泵、液压缸、液压控制阀、液压油管、管接头等。

（2）主要实训设备：THPYC-1A 型液压传动与 PLC 实训装置。

三、相关知识

压力控制回路是对系统整体或某一部分的_____进行控制的回路。这类回路包括_____、_____、_____、_____、_____等多种回路。

（一）调压回路

为使系统的压力与负载相适应并保持稳定，或为了安全而限定系统的最高压力，都要用到调压回路，下面介绍三种调压回路。

1. 单级调压回路

如图 12-1 所示，在液压泵的出口处设置_____（并、串）联的_____阀来控制回路的最高压力为恒定值。在工作过程中，其是常_____（开、闭）的，液压泵的工作压力决定于_____阀的调整压力，溢流阀的调整压力必须大于液压缸最大工作压力和油路中各种压力损失的总和，一般为系统工作压力的 1.1 倍。

此调压回路主要由 1._____ 2._____

3._____ 4._____等液压元件组成，改变_____的压力即可调节回路的最高压力。

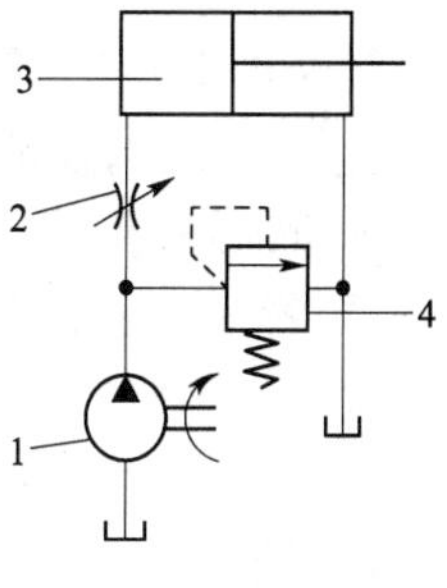

图 12-1　单级调压回路

2. 双级调压回路

执行元件正反行程需不同的供油压力时，可采用双级调压回路，如图 12-2a）所示。图中阀 1 为_____压溢流阀，阀 2 为_____压溢流阀。当换向阀在_____位工作时，活塞为工作行程，泵出口由溢流阀 1 调定为较高压力，缸右腔油液通过换向阀回油箱，溢流阀 2 此时不起作用。当换向阀如图示在_____位工作时，缸作空行程返回，泵出口由溢流阀 2 调定为较低压力，溢流阀 1 不起作用。缸退抵终点后，泵在低压下回油，功率损耗小。

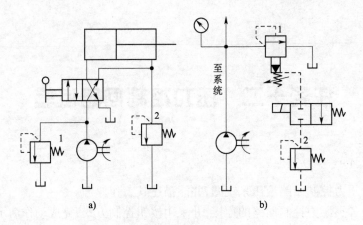

图 12-2　双级调压回路

图 12-2b)也为双级调压回路。在图示状态下,泵出口压力由_____调定为较高压力;二位二通换阀断电后,则由_____调定为较低压力。阀 2 的调定压力必须_____于阀 1 的调定压力。

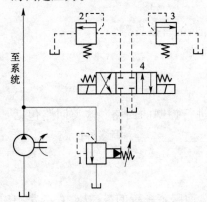

图 12-3　多级调压回路

3. 多级调压回路

有些液压设备的液压系统需要在不同的工作阶段获得不同的压力。

图 12-3 所示为三级调压回路。在图示状态下,泵出口压力由阀_____调定为最高压力;当换向阀 4 的左、右电磁铁分别通电时,泵压由远程调压阀_____或_____调定。阀 2 和阀 3 的调定压力必须_____阀 1 的调定压力值。

(二)卸荷回路

当液压泵不停(即发动机不熄火),而各执行机构均暂时停止工作的情况下,一般不宜让泵在溢流阀调定压力下回油,否则会造成很大的_____浪费,使油温升高,系统性能下降,为此常设置卸荷回路解决上述问题。

所谓卸荷,就是指泵的_____接近于零的运转状态。功率为_____与_____之积,两者任一近似为零,功率损耗即近似为零,故卸荷有_____卸荷和_____卸荷两种方法。

_____法用于变量泵,此法简单,但泵处于高压状态,磨损比较严重;_____是使泵在接近零压下工作。常见的压力卸荷回路有下述几种。

1. 利用换向阀中位机能的卸荷回路

_____、_____和_____型中位机能的三位换向阀处于中位时,使泵与_____连通,实现卸荷,如图 12-4 所示。

用换向阀中位机能的卸荷回路,卸荷方法比较简单,是工程机械液压系统最常采用的卸荷方法之一。

2. 用二位二通阀的卸荷回路

图 12-5 所示为用二位二通阀的卸荷回路,当二位二通阀电磁铁_____电时,泵泵出的油液经二位二通阀直接流回_____,实现泵的压力卸荷。该回路必须使二位二通换向

阀的流量与泵的额定输出流量相匹配。这种卸荷方法的卸荷效果较好,易于实现自动控制,一般适用于液压泵的流量小于 63L/min 的场合。

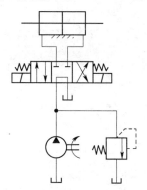

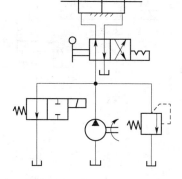

图 12-4　用 M 型三位四通阀的卸荷回路　　　图 12-5　用二位二通阀的卸荷回路

3. 利用溢流阀远程控制口卸荷的回路

图 12-6 所示为利用溢流阀远程控制口卸荷的回路,将溢流阀的远程控制口和二位二通电磁阀相接。当二位二通电磁阀通电时,溢流阀的远程控制口通_____,这时溢流阀阀口被打开,泵排出的液压油全部流回_____,泵出口压力几乎是零,故泵成卸荷运转状态。注意:图 12-6 中的二位二通电磁阀只通过很少的流量,因此,可用小流量规格阀(尺寸为 1/8 或 1/4)。在实际应用中,此二位二通电磁阀和溢流阀组合在一起,此种组合称为电磁控制溢流阀。

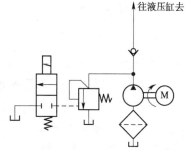

图 12-6　溢流阀远程控制口卸荷的回路

(三)保压回路

液压缸在工作循环的某一阶段,若需要保持一定的工作压力,就应采用保压回路。在保压阶段,液压缸没有运动,最简单的办法是用一个密封性能好的_____来保压。但是这种办法保压时间短,压力稳定性不高。由于此时液压泵常处于卸荷状态(为了节能)或给其他液压缸供应一定压力的工作油液,为补偿保压缸的泄漏并保持其工作压力,可在回路中设置蓄能器。下面列举几个典型的蓄能器保压回路。

1. 泵卸荷的保压回路

如图 12-7 所示的回路,当换向阀在左位工作时,液压缸前进压紧工件,进油路压力升高,当油压达到压力继电器调整值时,_____发信号使二通阀通电,泵即_____,止回阀自动关闭,液压缸则由蓄能器_____。缸压不足时,压力继电器复位,泵重新工作。保压时间取决于蓄能器容量,调节压力继电器的通断调节区间即可调节缸压力的最大值和最小值。

2. 多缸系统一缸保压的回路

多缸系统中负载的变化不应影响保压缸内压力的稳定。如图 12-8 所示的回路,进给缸快进时,泵压下降,但止回阀 3 关闭,把夹紧油路和进给油路隔开。蓄能器 4 用来为夹紧缸保压并补偿泄漏。压力继电器 5 的作用是当夹紧缸压力达到预定值时发出信号,使进给缸动作。

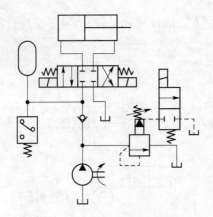

图 12-7 泵卸荷的保压回路

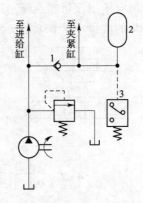

图 12-8 多缸系统一缸保压的回路
1-止回阀;2-蓄能器;3-继电器

(四)增压回路

增压回路可以＿＿＿＿＿＿系统中某一支路的工作压力,以满足局部工作机构的需要。采用增压回路,系统的整体工作压力仍然较低,这样可以降低能源消耗。

1. 单作用增压器的增压回路

图 12-9 所示为由单作用增压器组成的单向增压回路。增压缸 4 中有大、小两个活塞,并由一根活塞杆连接在一起。当手动换向阀 3 右位工作时,输出压力油进入增压缸 A 腔,推动活塞向右运动,右腔油液经手动换向阀 3 流回油箱,而 B 腔输出高压油,高压油液进入工作缸 6,推动单作用式液压缸活塞下移。在不考虑摩擦损失与泄漏的情况下,单作用增压器的增压倍数(增压比)等于增压器大小腔＿＿＿＿＿＿之比。当手动换向阀 3 左位工作时,增压缸活塞向左退回,工作缸 6 靠弹簧复位。为补偿增压缸 B 腔和工作缸 6 的泄漏,可通过止回阀 5 由辅助油箱补油。

用增压缸的单向增压回路只能供给断续的高压油,因此它适用于行程较短、单向作用力很大的液压缸中。

2. 双作用增压器的增压回路

单作用增压器只能断续供油,若需获得连续输出的高压油,可采用图 12-10 所示的双作用增压器连续供油的增压回路。当活塞处在图示位置时,液压泵压力油进入增压器左端大、小油腔,右端大油腔的回油通＿＿＿＿＿＿,右端小油腔增压油经止回阀＿＿＿＿＿＿输出,此时止回阀＿＿＿＿＿＿、＿＿＿＿＿＿被封闭。当活塞移到右端时,二位四通换向阀的电磁铁通电,油路换向后,活塞反向左移。同理,左端小油腔输出的高压油通过止回阀＿＿＿＿＿＿输出。这样,增压器的活塞不断往复运动,两端便交替输出高压油,从而实现了连续增压。

(五)减压回路

1. 单级减压回路

图 12-11 所示为用于夹紧系统的单级减压回路,＿＿＿＿＿＿安装在液压缸 6 与换向阀 4 之间。当＿＿＿＿＿＿通电时,三位四通电磁换向阀左位工作,液压泵输出压力油通过止回阀 3、换向阀 4,经单向减压阀 5 减压后输入液压缸＿＿＿＿＿＿腔,推动活塞向＿＿＿＿＿＿运动,夹紧工件,右腔的油液经换向阀 4 流回＿＿＿＿＿＿;当工件加工完了,＿＿＿＿＿＿通电时,换向阀 4 右位

126

工作,液压缸6左腔的油液经单向减压阀5的止回阀、换向阀4流回油箱,回程时减压阀不起作用。止回阀3在回路中的作用是,当主油路压力低于减压油路的压力时,利用锥阀关闭的严密性,保证减压油路的压力不变,使夹紧缸保持夹紧力不变。还应指出,减压阀5的调整压力应_____溢流阀2的调整压力,才能保证减压阀正常工作(起减压作用)。

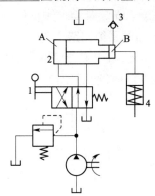

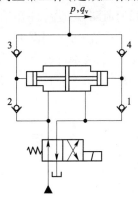

图12-9 单向增压回路

1-换向阀;2-增压缸;3-止回阀;4-工作缸

图12-10 双作用增压器的增压回路

1、2、3、4-止回阀

2. 二级减压回路

图12-12所示为由减压阀和远程调压阀组成的二级减压回路。在图示状态下,夹紧压力由_____调定;当二通阀通电后,夹紧压力则由_____调定,故此回路为二级减压回路。若系统只需一级减压,可取消二通阀与阀2,堵塞阀1的外控口。若取消二通阀,阀2用直动式比例溢流阀取代,根据输入信号的变化,便可获得无级或多级的稳定低压。为使减压回路可靠地工作,其最高调整压力应比系统压力低一定的数值,例如中高压系统减压阀约低1MPa(中低压系统约低0.5MPa),否则减压阀不能正常工作。减压阀出口压力若比系统压力低得多,会增加功率损失和系统升温,必要时可用高低压双泵分别供油。

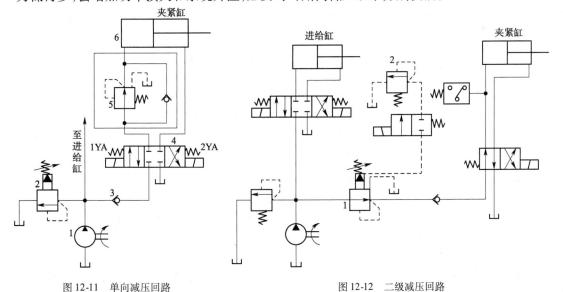

图12-11 单向减压回路   图12-12 二级减压回路

(六)平衡回路

为了防止立式液压缸及其工作部件在悬空停止期间自行下滑,或在下行运动中由于自重而造成失控超速的不稳定运动,可设置_____。

在垂直放置的液压缸的下腔串接一单向顺序阀可防止液压缸因自重而自行下滑,但活塞下行时有较大的功率损失,为此可采用外控单向顺序阀平衡回路,如图12-13a)所示。活塞下行时,来自进油路并经节流阀的控制压力油打开顺序阀,背压较小,提高了回路效率。但由于顺序阀的泄漏,运动部件在悬停过程中总要缓缓下降。对要求停止位置准确或停留时间较长的液压系统,可采用图12-13b)所示的液控止回阀平衡回路。图中节流阀的设置是必要的。若无此阀,运动部件下行时会因自重而超速运动,缸上腔出现真空,致使液控止回阀关闭,待压力重建后才能再打开,这会造成下行运动时断时续和强烈振动。

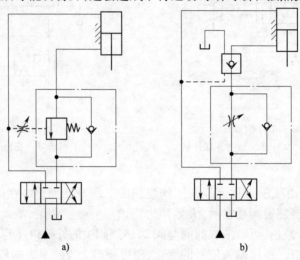

a)   b)

图12-13　平衡回路

(七)背压回路

在液压系统中设置背压回路,可以提高执行元件的运动平稳性或减少工作部件运动时的爬行现象。在泵卸荷时,为保证控制油路具有一定的_____,常常在回油路上设置背压阀,如由溢流阀、止回阀、顺序阀、节流阀组成背压回路,以形成一定的回路阻力,用以产生背压,一般背压为0.3~0.8MPa。

图12-14所示为采用溢流阀的背压回路。将溢流阀装在_____油路上,回油时油液经溢流阀流回油箱,油液通过溢流阀要克服一定的阻力,这就使运动部件及负载的惯性力被消耗掉,提高了运动部件的速度稳定性,且能够承受负值负载。根据需要,可调节溢流阀的调压弹簧,来调节回油阻力大小,即调节_____的大小。图12-14a)所示为双向背压回路,液压缸往复运动的回油都要经过背压阀(溢流阀)流回油箱,因此在两个运动方向上都能获得背压。图12-14b)所示为单向背压回路,当三位四通换向阀左位工作时,回油经溢流阀、换向阀溢流回油箱,在回油路上获得背压。当三位四通换向阀右位工作时,回油经换向阀流回油箱,不经溢流阀,因而没有背压。

四、实践体验

1.溢流阀调压和溢流阀遥控口调压及卸荷回路

1)液压元件准备

按照图12-15所示液压回路图,准备好所需要使用的所有液压元件:

128

1. _____ 2. _____ 3. _____ 4. _____

5. _____

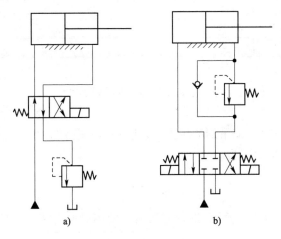

a)   b)

图 12-14　背压回路

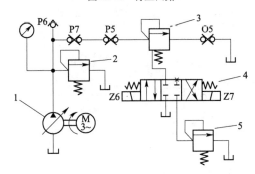

图 12-15　溢流阀调压和溢流阀遥控口调压及卸荷回路(液压系统部分)

2)液压回路连接

液压元件准备完毕核定无误后,进行合理布局,用软管和接头在液压实验装置上连接成试验油路,并连接电路。

3)分析该液压回路原理

_____

_____

_____

_____

4)演示操作,观察现象,验证步骤3)的分析是否正确

(1)在断开 P7 接头的情况下,调节溢流阀2(带溢流阀泵源),使得 P 的出口压力不断变化,最后调 P 的出口压力为 6MPa。

(2)连接 P7、P5 接头旋紧溢流阀(电磁换向阀上面),电磁换向阀 Z6、Z7 不得电,调节溢流阀3(电磁换向阀上面)最终调 P6 压力为 5MPa,使得 P 的出口压力变化,拧死该阀,P6 压力均小于 6MPa。

(3)电磁换向阀 Z7 得电,调节溢流阀5(电磁换向阀下面),使得 P 的出口压力降变化但不能超过 5MPa 最后调为 3MPa。

(4)试验现象及结论。

操 作 步 骤	P 的 变 化	试验结论(可分析回路的特点及不同,测量压力为什么有不同,掌握其工作原理)
电磁换向阀 Z6、Z7 都断电		
电磁换向阀 Z6 通电、Z7 断电		
电磁换向阀 Z7 通电、Z6 断电		

5)液压回路拆除

试验完毕,拆除液压回路,将液压元件归位,清理试验台。

6)试验总结

根据试验过程中观察并记录到的现象,包括故障情况,结合本试验回路的基本原理进行分析总结,做出相应的试验报告。

2. 减压夹紧回路

1)液压元件准备

按照图 12-16 所示液压回路图,准备好所需要使用的所有液压元件:

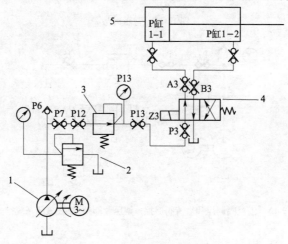

图 12-16   减压夹紧回路(液压系统部分)

1._____   2._____   3._____   4._____

5._____

2)液压回路连接

液压元件准备完毕核定无误后,进行合理布局,用软管和接头在液压试验装置上连接成试验油路,并连接电路。

3)分析该液压回路原理

_____

_____

_____

4)演示操作,观察现象,验证步骤 3)的分析是否正确

(1)在断开 P7 接头的情况下,调节溢流阀(带溢流阀泵源),使得 P 的出口压力为 5MPa。

(2)连接 P7、P12 接头,电磁换向阀 Z3 通电,调节减压阀,使 P13 的压力为 3MPa。

(3)电磁换向阀 Z3 断电,观察缸 1 运动及到底时 P6、P13 值;电磁换向阀 Z3 通电,观察缸 1 运动及到底时 P6、P13 值。

（4）试验现象及结论。

操 作 步 骤		P6	P13	试验结论（可分析回路的特点及不同,解释试验结果,掌握其工作原理）
电磁换向阀 Z3 断电	缸1运动			
	缸1到底			
电磁换向阀 Z3 通电	缸1运动			
	缸1到底			

5）液压回路拆除

试验完毕,拆除液压回路,将液压元件归位,清理试验台。

6）试验总结

根据试验过程中观察及记录的现象,包括故障情况,结合本试验回路的基本原理进行分析总结,做出相应的试验报告。

3. 换向阀中位的卸荷回路

1）液压元件准备

按照图 12-17 所示液压回路图,准备好所需要使用的所有液压元件:

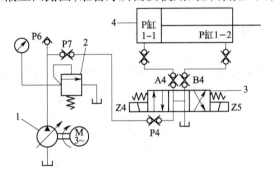

图 12-17　换向阀中位的卸荷回路（液压系统部分）

1. ＿＿＿＿＿＿　　2. ＿＿＿＿＿＿　　3. ＿＿＿＿＿＿　　4. ＿＿＿＿＿＿

2）液压回路连接

液压元件准备完毕核定无误后,进行合理布局,用软管和接头在液压试验装置上连接成试验油路,并连接电路。

3）分析该液压回路原理

＿＿＿＿＿＿＿＿＿＿＿＿＿＿＿＿＿＿＿＿＿＿＿＿＿＿＿＿＿＿＿＿＿＿＿＿＿＿＿

＿＿＿＿＿＿＿＿＿＿＿＿＿＿＿＿＿＿＿＿＿＿＿＿＿＿＿＿＿＿＿＿＿＿＿＿＿＿＿

＿＿＿＿＿＿＿＿＿＿＿＿＿＿＿＿＿＿＿＿＿＿＿＿＿＿＿＿＿＿＿＿＿＿＿＿＿＿＿

＿＿＿＿＿＿＿＿＿＿＿＿＿＿＿＿＿＿＿＿＿＿＿＿＿＿＿＿＿＿＿＿＿＿＿＿＿＿＿

4）演示操作,观察现象,验证步骤3）的分析是否正确

（1）在断开 P7 接头的情况下,调节溢流阀（带溢流阀泵源）,使得 P 的出口压力为 6MPa。

（2）电磁换向阀 Z4 通电、Z5 断电,油缸活动观察压力表的状态;当油缸到底时,再观察压力表的状态。

（3）电磁换向阀 Z5 通电、Z4 断电,油缸活动观察压力表的状态;当油缸到底时,再观察压力表的状态。

（4）电磁换向阀 Z4、Z5 断电，观察油缸活动及压力表的状态；当油缸到底时，再观察压力表的状态。

（5）试验现象及结论。

操 作 步 骤		P6	试验结论（可分析回路的特点及不同，解释试验结果，掌握其工作原理）
电磁换向阀 Z4 通电、Z5 断电	缸 1 运动		
	缸 1 到底		
电磁换向阀 Z5 通电、Z4 断电	缸 1 运动		
	缸 1 到底		
电磁换向阀 Z4、Z5 断电			

5）液压回路拆除

试验完毕，拆除液压回路，将液压元件归位，清理试验台。

6）试验总结

根据试验过程中观察并记录的现象，包括故障情况，结合本试验回路的基本原理进行分析总结，做出相应的试验报告。

4. 用平衡阀的平衡回路

1）液压元件准备

按照图 12-18 所示液压回路图，准备好所需要使用的所有液压元件：

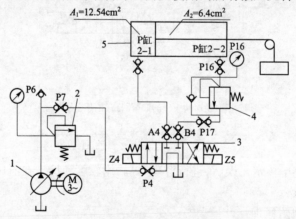

图 12-18　用平衡阀的平衡回路（液压系统部分）

1. _____　　2. _____　　3. _____　　4. _____

5. _____

2）液压回路连接

液压元件准备完毕核定无误后，进行合理布局，用软管和接头在液压试验装置上连接成试验油路，并连接电路。

3）分析该液压回路原理

_____

_____

_____

_____

132

4)演示操作,观察现象,验证步骤3)的分析是否正确

(1)在断开 P7 接头的情况下,调节溢流阀(带溢流阀泵源),使得 P 的出口压力为 6MPa。

(2)电磁换向阀 Z5 通电,油缸活塞杆带负载上升;Z4 通电,活塞杆下降。

(3)活塞杆上升到底,关小单向顺序阀,松主溢流阀,P6 下降;Z4 得电,活塞杆不下降;逐渐关紧主溢流阀,P6 上升,验证 $P_6 \cdot A_1 = P_{16} \cdot A_2 - W$ 是否符合该式。在活塞杆上升到底后,Z4、Z5 均断电,泵卸荷,重块在顺序阀的支撑下不下降。

(4)试验现象及结论。

操作步骤	油缸运动状态	P6	P16	试验结论(可分析回路的特点及不同,解释试验结果,掌握其工作原理)
电磁换向阀 Z5 通电、Z4 断电				
电磁换向阀 Z4 通电、Z5 断电				
电磁换向阀 Z4、Z5 断电				
演示步骤(3)中,某个 P6 值,活塞杆开始下降时,$P_6 \cdot A_1 = P_{16} \cdot A_2 - W$ 是否成立				

5)液压回路拆除

试验完毕,拆除液压回路,将液压元件归位,清理试验台。

6)试验总结

根据试验过程中观察及记录的现象,包括故障情况,结合本试验回路的基本原理进行分析总结,做出相应的试验报告。

五、考核评价

1. 自评

工量具使用	A	B	C	D
技能操作	A	B	C	D
工单填写	A	B	C	D

2. 互评

工量具使用	A	B	C	D
技能操作	A	B	C	D
工单填写	A	B	C	D

3. 教师评价

工量具使用	A	B	C	D
技能操作	A	B	C	D
工单填写	A	B	C	D

评语:_____

_____

_____

学生成绩:_____

任务十三　速度控制回路试验

一、学习目标

（1）能读懂速度控制回路液压系统图，并能描述其工作原理。

（2）能进行各类速度控制回路的连接，并采用按钮控制方式，完成动作演示。

（3）能正确指认速度控制回路的液压元件，并能描述其在回路中所起的作用。

（4）遵循操作规程，强化安全意识。

（5）激发学生的学习兴趣，充分调动学生的主观能动性，培养自信心和职业精神。

二、实训设备及工具准备

（1）主要液压元件：液压泵、液压缸、液压控制阀、液压油管、管接头等。

（2）主要实训设备：THPYC-1A 型液压传动与 PLC 实训装置。

三、相关知识

速度控制回路是控制和调节液压执行元件运动速度的单元回路，按调速方法不同可分为有级调速、无级调速及复合调速。

（一）有级调速

有级调速是指采用_____来改变系统内单泵供油或双泵供油的两级调速；或采用顺序阀作_____，解决低压大流量泵与高压小流量泵是否合流供油的调速；或采用_____或_____来改变内曲线马达作用柱塞数、有效作用次数及液压马达串并联，从而调节系统的速度。

（二）无级调速

无级调速系统采用_____或靠改变液压泵或液压马达的_____来实现的调速。

无级调速一般有_____调速、_____调速及_____调速三种。

1. 节流调速

节流调速即改变液流_____的方法调节进入执行元件的流量，达到改变执行元件运动速度的回路。这种调整方法适用于_____和_____所组成的液压系统。

常见的节流调速回路有以下三种，如图 13-1 所示。

（1）写出图 13-1a)、b)、c)三种节流调速回路的名称。

（2）图 13-1 节流调速回路中，图 13-1a)中溢流阀起_____作用，图 13-1b)中溢流阀起_____作用，图 13-1c)中溢流阀起_____作用。

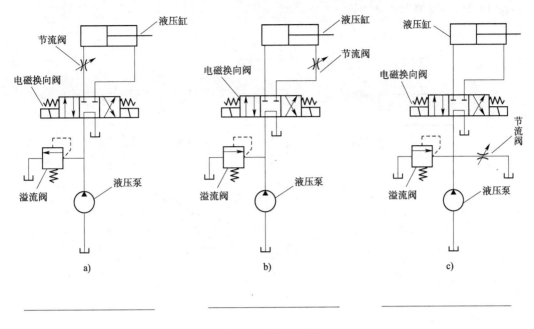

图 13-1　节流调速回路

（3）分别表述图 13-1a）、b）、c）三种节流调速回路的调速原理。

图 13-1a）调速原理：＿＿＿＿＿＿＿＿＿＿＿＿＿＿＿＿＿＿＿＿＿＿＿＿＿＿＿＿

＿＿

＿＿

图 13-1b）调速原理：＿＿＿＿＿＿＿＿＿＿＿＿＿＿＿＿＿＿＿＿＿＿＿＿＿＿＿＿

＿＿

＿＿

图 13-1c）调速原理：＿＿＿＿＿＿＿＿＿＿＿＿＿＿＿＿＿＿＿＿＿＿＿＿＿＿＿＿

＿＿

＿＿

2. 容积调速

容积调速是指靠改变液压泵或液压马达的＿＿＿＿＿＿＿来实现调速的。容积调速由于它不存在＿＿＿＿＿＿＿的能量损失，因此系统发热少、效率高、能量利用合理，在大功率工程机械的液压系统中获得更广泛应用。

常见的容积调速回路有以下三种，如图 13-2 所示。

（1）写出图 13-2a）、b）、c）三种容积调速回路的名称。

（2）分别表述图 13-2a）、b）、c）三种容积调速回路的调速原理。

图 13-2a）调速原理：＿＿＿＿＿＿＿＿＿＿＿＿＿＿＿＿＿＿＿＿＿＿＿＿＿＿＿＿

＿＿

＿＿

图 13-2b）调速原理：＿＿＿＿＿＿＿＿＿＿＿＿＿＿＿＿＿＿＿＿＿＿＿＿＿＿＿＿

＿＿

＿＿

图 13-2c) 调速原理: _____

_____

_____

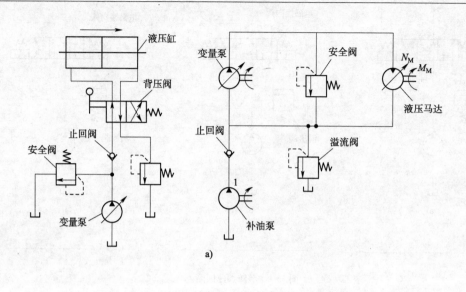

a)

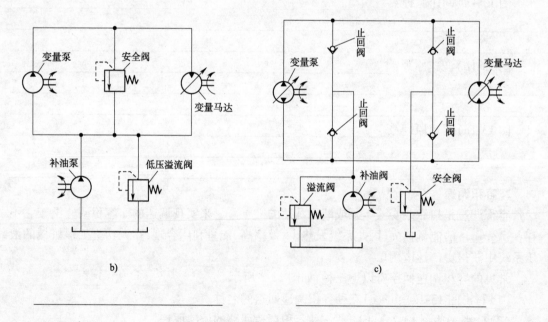

b)   c)

_____   _____

图 13-2　容积调速回路

3. 容积节流调速

容积节流调速回路是用_____配合_____组成回路进行调速,同时具有节流调速和容积调速的优点,其效率高,调速方便,工作稳定。目前,工程机械上的恒功率变量泵-手动换向阀-执行元件或限压式变量泵-调速阀-执行元件组成的调速回路,均是容积节流调速的具体应用。

（三）复合调速

复合调速是将_____与_____等组合在一起应用,从而使这些液压系统获得较好的调速性能要求,现已在 NK800 型液压起重机等许多大型工程机械液压系统上应用。复合调速由于微动性能优良、_____最大、刚度好,尽管其_____低,仍在工程机械中应用较多。

四、实践体验

1. 进油节流调速回路

图 13-3 所示为节流阀的进油节流调速回路,完成以下工作任务。

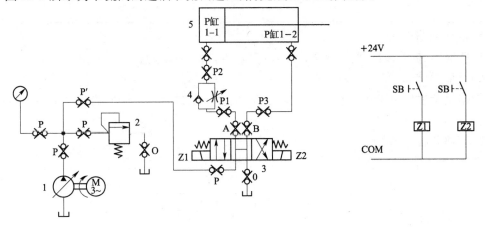

a) 油路部分   b) 电气控制部分

图 13-3　节流阀的进油节流调速回路

1. _____　2. _____　3. _____　4. _____

5. _____

1）液压元件准备

按照图 13-3 所示液压回路图,准备好所需要使用的所有液压元件。

2）液压回路连接

液压元件准备完毕核定无误后,进行合理布局,用软管和接头在液压试验装置上连接成试验油路[图 13-3a)],连接电路[图 13-3b)]。

3）分析该节流调速回路的工作原理

_____

_____

_____

_____

4）演示操作

观察现象,验证步骤 3）的分析是否正确

接通电源,起动电动机,演示试验,观察试验现象。

（1）在断开 P′接头的情况下,调节溢流阀,使得 P 的出口压力为 5MPa。

（2）电磁换向阀 Z1 得电、Z2 失电,慢慢调节单向节流阀开度,观察油缸活塞杆的运动速度;电磁换向阀 Z2 得电、Z1 失电,慢慢调节单向节流阀开度,观察油缸活塞杆的运动速度。

（3）试验现象及结论(表13-1)。

操 作 步 骤	节流阀的开度	油缸活塞杆的运动方向与速度	试验结论(分析该回路应用节流阀调速应具备的条件,掌握其工作原理)
电磁换向阀 Z1 得电、Z2 失电	关闭		
	调大		
	调小		
电磁换向阀 Z2 得电、Z1 失电	关闭		
	调大		
	调小		

5）液压回路拆除

度验完毕,拆除液压回路,将液压元件归位、维护,清理试验台。

6）试验总结

根据试验过程中观察及记录的现象,包括故障情况,结合本试验回路的基本原理自行进行分析总结。

2. 旁路节流调速回路

图 13-4 所示为节流阀的旁路节流调速回路,完成以下工作任务。

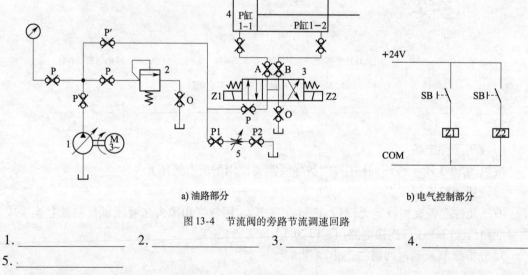

a) 油路部分　　　　　　　　　　　　　　b) 电气控制部分

图 13-4　节流阀的旁路节流调速回路

1. _____　2. _____　3. _____　4. _____
5. _____

1）液压元件准备

按照图 13-4 所示液压回路图,准备好所需要使用的所有液压元件。

2）液压回路连接

液压元件准备完毕核定无误后,进行合理布局,用软管和接头在液压试验装置上连接成试验油路[图 13-4a)],连接电路[图 13-4b)]。

3）分析该节流调速回路的工作原理

_____

_____

_____

_____

4）演示操作

观察现象，验证步骤3）的分析是否正确。

接通电源，起动电动机，演示试验，观察试验现象。

（1）在断开 P′接头的情况下，调节溢流阀，使得 P 的出口压力为5MPa。

（2）电磁换向阀 Z1 得电、Z2 失电，慢慢调节单向节流阀开度，观察油缸活塞杆的运动速度；电磁换向阀 Z2 得电、Z1 失电，慢慢调节单向节流阀开度，观察油缸活塞杆的运动速度。

（3）实验现象及结论（表13-2）。

试验现象及结论   表13-2

操 作 步 骤	节流阀的开度	油缸活塞杆的运动方向与速度	试验结论（分析该回路应用节流阀调速应具备的条件，掌握其工作原理）
电磁换向阀 Z1 得电、Z2 失电	关闭	·	
	调大		
	调小		
电磁换向阀 Z2 得电、Z1 失电	关闭		
	调大		
	调小		

5）液压回路拆除

试验完毕，拆除液压回路，将液压元件归位、维护，清理试验台。

6）试验总结

根据试验过程中观察并记录的现象，包括故障情况，结合本试验回路的基本原理自行进行分析总结。

3. 差动快速回路

图13-5 所示为差动回路，完成以下工作任务。

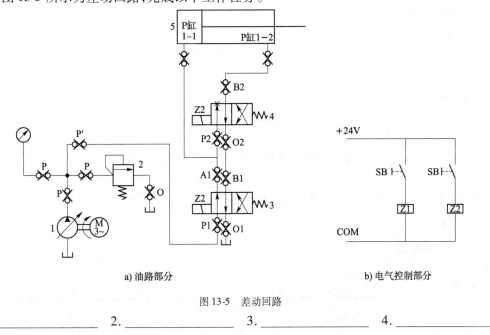

a) 油路部分   b) 电气控制部分

图 13-5　差动回路

1. _____　2. _____　3. _____　4. _____

5. _____

1）液压元件准备

按照图13-5所示液压回路图，准备好所需要使用的所有液压元件。

2）液压回路连接

液压元件准备完毕核定无误后，进行合理布局，用软管和接头在液压试验装置上连接成试验油路［图13-5a)］，连接电路［图13-5b)］。

3）分析该差动回路的工作原理

_____

_____

_____

_____

4）演示操作

观察现象，验证步骤3)的分析是否正确。

接通电源，起动电动机，演示试验，观察试验现象。

(1)调节溢流阀，使得 P 的出口压力为5MPa。

(2)电磁换向阀 Z1 得电、Z2 得电时与电磁换向阀 Z1 得电、Z2 失电时观察油缸活塞杆的运动速度快慢。

(3)试验现象及结论(表 13-3)。

试验现象及结论   表 13-3

操 作 步 骤	油缸活塞杆右行至最大行程所用时间 t	油缸活塞杆右行运动速度快慢	试验结论(分析该回路差动与不差动时速度不同的原因,掌握其工作原理)
电磁换向阀 Z1 得电、Z2 得电(不差动)			
电磁换向阀 Z1 得电、Z2 失电(差动)			

5）液压回路拆除

试验完毕，拆除液压回路，将液压元件归位、维护，清理试验台。

6）试验总结

根据试验过程中观察及记录的现象，包括故障情况，结合本试验回路的基本原理自行进行分析总结。

五、考核评价

1. 自评

工量具使用	A	B	C	D
技能操作	A	B	C	D
工单填写	A	B	C	D

2. 互评

工量具使用	A	B	C	D
技能操作	A	B	C	D
工单填写	A	B	C	D

3. 教师评价

工量具使用	A	B	C	D
技能操作	A	B	C	D
工单填写	A	B	C	D

评语：_____

_____

_____

学生成绩：_____

任务十四　液压综合控制回路试验

一、学习目标

（1）能读懂液压综合回路系统图，并能描述其工作原理。

（2）能指认液压综合回路中的液压元件，并能描述其在回路中所起的作用。

（3）能进行液压综合回路的连接，并采用按钮控制方式，完成动作演示。

（4）遵循操作规程，强化安全意识。

（5）激发学生的学习兴趣，充分调动学生的主观能动性，培养自信心和职业精神。

二、实训设备及工具准备

（1）主要液压元件：液压泵、液压缸、液压控制阀、液压油管、管接头等。

（2）主要实训设备：THPYC-1A 型液压传动与 PLC 实训装置。

三、相关知识

液压系统中，一个液压源往往要驱动多个执行元件，这些执行元件会因压力和流量的彼此影响而在动作上相互牵制，或顺序动作，或同步动作，为满足系统要求，必须把只具备某一特定功能的压力控制、速度控制、方向控制这些基本回路进行组合，形成液压综合控制回路，才能实现预定的动作要求。

（一）顺序动作回路

顺序回路用以控制多缸液压系统的动作顺序，使各缸按严格的顺序依次动作。按控制方式的不同，常用_____控制和_____控制实现顺序动作。

1. 压力控制顺序动作回路

图 14-1 所示为某机械采用顺序阀控制支腿液压缸的顺序动作回路。根据工作需要，支腿的动作顺序应是：放支腿时，先伸后支腿再伸前支腿；收支腿时，先收前支腿再收后支腿，也就是后支腿缸 A 和前支腿缸 B 必须按图示的 ①、②、③、④ 的顺序动作。按照此工作要求，完成下列问题：

（1）工作时，当换向阀_____位接入油路时，缸 B 的进油路被单向顺序阀 C 阻挡，压力油只能先流向缸 A 的_____，驱动后支腿_____。待其行程终了时，油压上升到超过_____，于是打开_____油液流向缸 B 的_____，驱动前支腿_____。

（2）当换向阀_____位接入油路时，缸 A 的进油路被单向顺序阀 D 阻挡，压力油只能先流向缸 B 的

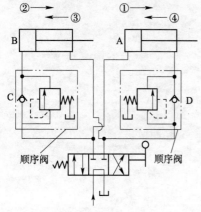

图 14-1　压力控制顺序动作回路

_____,驱动前支腿_____。待其行程终了时,油压上升到超过_____,于是打开_____油液流向缸 A 的_____,驱动后支腿后_____缩回。

(3)压力控制顺序动作回路顺序阀的调定压力必须_____,否则会产生误动作。

2. 行程控制顺序动作回路

图 14-2 所示为电气行程开关控制的顺序动作回路。根据工作需要,必须完成图示的 ①、②、③、④ 的顺序动作。按照此工作要求,完成下列问题:

(1)工作时,先让电磁铁_____通电,压力油流入液压缸_____,使活塞按箭头 ①的方向移动。到达预定位置时挡铁压下行程开关_____,电磁铁 1DT _____,缸 A 的活塞_____,同时电磁阀 II 的电磁铁_____通电,于是压力油流入液压缸_____,使活塞按箭头②的方向移动。

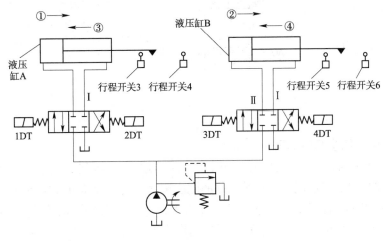

图 14-2 行程控制顺序动作回路

(2)当活塞按箭头 ②的方向移动到预定位置时,挡铁压下行程开关_____,电磁铁 3DT,缸 _____的活塞停止运动,同时电磁阀 I 的电磁铁_____通电,压力油流入液压缸_____,活塞按箭头③的方向左移。当活塞运动到预定位置,挡铁压下_____,使电磁铁 2DT _____,同时使电磁铁_____,压力油流入液压缸_____,活塞按箭头④的方向左移退回原处,挡铁压下_____,电磁铁 4DT _____,液压缸 B 的活塞_____。至此,便完成一个运动循环。

(3)行程开关控制的顺序动作回路行程调整比较方便,改变_____后可以改变动作的顺序,特别适用于_____ 的场合。

(二)同步动作回路

同步动作回路的功用是保证系统中的两个或多个液压执行元件在运动中的位移量相同或以相同的速度运动。从理论上讲,对两个工作面积相同的液压缸输入等量的油液即可使两液压缸同步。但泄漏、摩擦阻力、制造精度、外负载、结构弹性变形以及油液中的含气量等因素都会使同步难以保证,为此,应采取一定措施提高同步精度。同步回路的种类很多,可根据同步精度的要求选择同步回路。

1. 串联液压缸同步回路

图 14-3 所示为串联液压缸同步回路。在此回路中,液压缸 1 的有杆腔 A 的有效面积与

液压缸 2 的无杆腔 B 的面积_____,因而当液压缸 A _____排出的油液被送入液压缸 B 的_____,因两缸的_____相等,两活塞必然有相同的_____,从而实现_____运动。但是,由于制造误差和泄漏等因素的影响,同步精度较低。

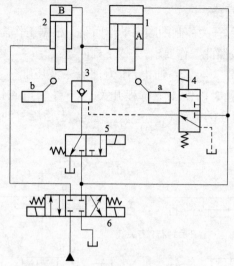

图 14-3　串联液压缸同步回路

2. 用同步缸或同步马达的同步回路

图 14-4a)所示为采用同步缸的同步回路。同步缸 A、B 两腔的_____相等,且两个_____也相同,则能实现同步。这种回路的同步精度取决于液压缸和同步缸的加工精度和密封性,可高达 98% 左右,但由于同步缸不宜做得太大,所以这种回路仅适用于小容量的场合。

图 14-4b)所示为采用_____的液压马达作为等流量分流装置的同步回路。两个液压马达轴_____连接,_____的油液分别输入到两个_____的液压缸中,使两个液压缸实现同步。

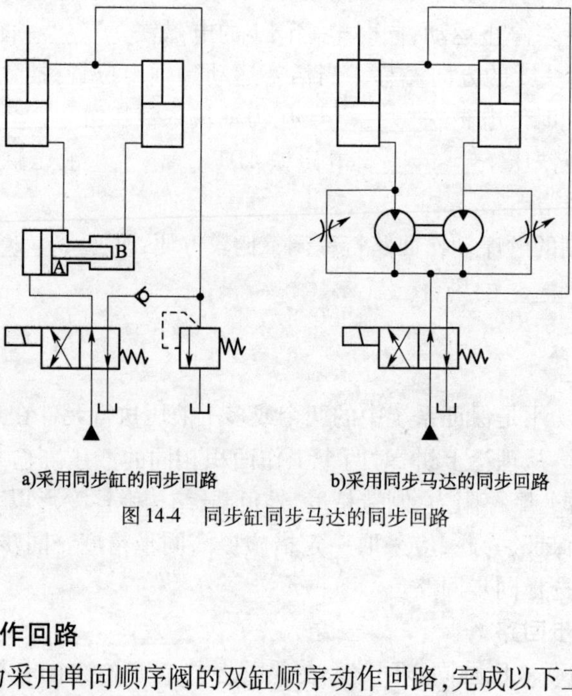

a)采用同步缸的同步回路　　　b)采用同步马达的同步回路

图 14-4　同步缸同步马达的同步回路

四、实践体验

1. 顺序阀顺序动作回路

如图 14-5 所示为采用单向顺序阀的双缸顺序动作回路,完成以下工作任务。

144

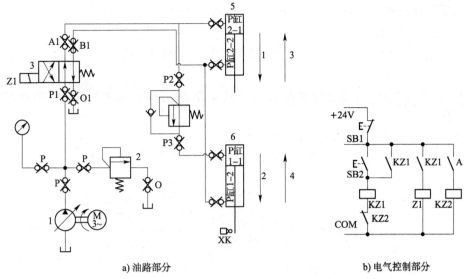

a) 油路部分　　　　　　　　　　　b) 电气控制部分

图 14-5　采用单向顺序阀的双缸顺序动作回路

1)液压元件准备

按照图 14-5 所示液压回路图,准备好所需要使用的所有液压元件:

1.＿＿＿＿＿＿　2.＿＿＿＿＿＿　3.＿＿＿＿＿＿　4.＿＿＿＿＿＿　5.＿＿＿＿＿＿

6.＿＿＿＿＿＿。

2)液压回路连接

液压元件准备完毕核定无误后,进行合理布局,用软管和接头在液压试验装置上连接成试验油路[图 14-5a)],连接电路[图 14-5b)]。

3)分析该顺序动作回路的工作原理

＿＿＿

＿＿＿

＿＿＿

＿＿＿

4)演示操作

观察现象,验证步骤 3)的分析是否正确

接通电源,起动电动机,演示试验,观察试验现象。

(1)动作顺序要求:第一步→①→第二步→②→第三步←③第四步←④。

(2)按液压系统图和动作顺序,其发讯状况:Z1 失电,顺序阀 4 稍调紧,缸 2 下行泵压很低,缸 2 到底泵压升高后缸 1 下行;Z1 得电,缸 1、缸 2 返回时管道 ΔP 不同两缸返回有先后。

(3)读通上述发讯状况请自行填写动作顺序表(表 14-1)。

动 作 顺 序 表

表 14-1

动作要求	Z1	顺序阀 4	XK	P(MPa)
→1				
→2				
←3				
←4				

（4）调节溢流阀,按动作顺序表,用图4-6b)所示线路完成上述双缸顺序动作。

5）液压回路拆除

试验完毕,拆除液压回路,将液压元件归位、维护,清理试验台。

6）试验总结

根据试验过程中观察及记录的现象,包括故障情况,结合本试验回路的基本原理自行进行分析总结。

2. 电气行程开关控制的双缸顺序动作回路

图14-6所示为采用电气行程开关控制的双缸顺序动作回路,完成以下工作任务。

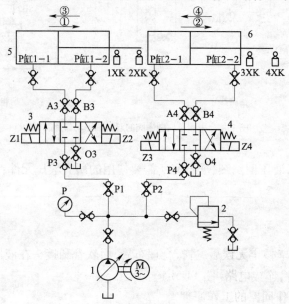

图14-6　电气行程开关控制的双缸顺序动作回路

1._____　2._____　3._____　4._____

5._____　6._____

1）液压元件准备

按照图14-6所示液压回路图,准备好所需要使用的所有液压元件。

2）液压回路连接

液压元件准备完毕核定无误后,进行合理布局,用软管和接头在液压试验装置上连接成试验回路,如图14-6所示。

3）分析该顺序动作回路的工作原理

_____

_____

_____

_____

4）演示操作

观察现象,验证步骤3)的分析是否正确。

接通电源,起动电动机,演示试验,观察试验现象。

（1）动作顺序要求:第一步→①→第二步→②→第三步←③第四步←④。

（2）按液压系统图和动作顺序,其发讯状况:Z1 得电→缸 5 伸出→到底后 2XK 发讯,Z3 得电、Z1 失电→缸 6 伸出→到底 4XK 发讯→Z2 得电,Z3 失电→缸 5 缩回→到底 1XK 发讯→Z4 得电、Z2 失电→缸 6 缩回。

（3）读通上述发讯状况请自行填写动作顺序表（表 14-2）。

动 作 顺 序 表　　　　　　　　　　　　　　　表 14-2

动作要求	Z1	Z2	Z3	Z4	1XK	2XK	3XK	4XK
→1								
→2								
←3								
←4								

（4）调节溢流阀,按动作顺序表,用继电器线路或 PLC 编程完成上述双缸顺序动作。

5）液压回路拆除

试验完毕,拆除液压回路,将液压元件归位、维护,清理试验台。

6）试验总结

根据试验过程中观察及记录的现象,包括故障情况,结合本试验回路的基本原理自行进行分析总结。

3. 双缸同步动作回路

图 14-7 所示为双缸同步动作回路,完成以下工作任务。

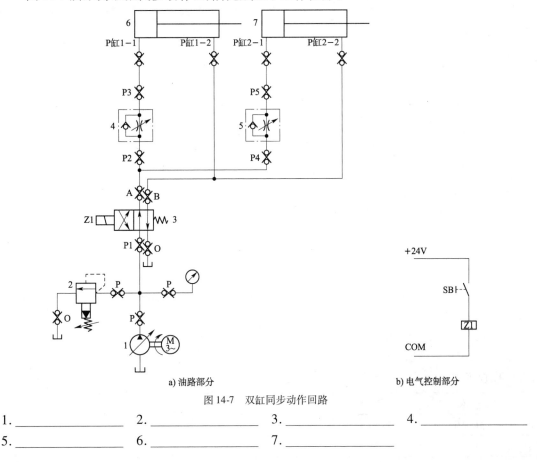

a) 油路部分　　　　　　　　　　　　　　b) 电气控制部分

图 14-7　双缸同步动作回路

1. _____　2. _____　3. _____　4. _____

5. _____　6. _____　7. _____

147

1）液压元件准备

按照图 14-7 所示液压回路图,准备好所需要使用的所有液压元件:

2）液压回路连接

液压元件准备完毕核定无误后,进行合理布局,用软管和接头在液压试验装置上连接成试验油路[图 14-7a)],连接电路[图 14-7b)]。

3）分析该同步动作回路的工作原理

_____

_____

_____

4）演示操作

观察现象,验证步骤 3）的分析是否正确。

接通电源,起动电动机,演示试验,观察试验现象。

（1）调节溢流阀,使得 P 的出口压力为 5MPa。

（2）将 4、5 中节流阀阀口调整一致,电磁换向阀 Z1 失电与电磁换向阀 Z1 得电时观察油缸 6、7 活塞杆的运动情况。

（3）试验现象及结论(表 14-3)。

试验现象及结论 表 14-3

操 作 步 骤	油缸 6、7 活塞杆运动情况	试验结论(分析该回路中两油缸运动同步的原因,掌握其工作原理)
调整 4、5 中节流阀阀口一致,电磁换向阀 Z1 失电		
调整 4、5 中节流阀阀口一致,电磁换向阀 Z1 得电		

5）液压回路拆除

试验完毕,拆除液压回路,将液压元件归位、维护,清理试验台。

6）试验总结

根据试验过程中观察及记录的现象,包括故障情况,结合本试验回路的基本原理自行进行分析总结。

五、考核评价

1. 自评

工量具使用	A	B	C	D
技能操作	A	B	C	D
工单填写	A	B	C	D

2. 互评

工量具使用	A	B	C	D
技能操作	A	B	C	D
工单填写	A	B	C	D

3. 教师评价

工量具使用	A	B	C	D
技能操作	A	B	C	D
工单填写	A	B	C	D

评语:_____

_____

_____

学生成绩:_____

任务十五　液压系统故障诊断

一、学习目标

（1）能读懂实训台的液压系统图，并能描述其工作原理。

（2）能指认液压回路中的液压元件，知道其在回路中所起的作用，并熟悉其结构及工作原理。

（3）熟悉液压系统故障诊断的方法步骤，会使用相关检测仪器与设备。

（4）能诊断、排除液压系统的常见故障。

（5）遵循操作规程，强化安全意识。

（6）激发学生的学习兴趣，充分调动学生的主观能动性，培养自信心和职业精神。

二、实训设备及工具准备

主要实训设备：THHPYP-1 型液压系统故障分析与排除实训考核装置。

三、相关知识

工程机械液压系统使用过程中故障时有发生，要做到正确判断液压系统故障原因，分析诱发故障的因素，提出处理措施，保证液压系统正常工作，必须具有液压传动的基本知识，熟悉回路及元件的结构及工作原理，掌握故障诊断的方法与步骤，并具备一定的检测手段、会使用相关检测仪器与设备。

（一）工程机械液压系统故障诊断的一般步骤

在故障诊断时，要特别注意在未分析确定故障产生的位置和范围之前，严禁任何盲目的拆卸、解体或自行调整液压元件，以免造成故障范围扩大或产生新的故障，使原有的故障更加复杂化。液压系统故障诊断一般应遵循以下步骤：

1. _____。
2. _____。
3. _____。
4. _____。
5. _____。
6. _____。

（二）常用的工程机械液压系统故障诊断方法

1. 直观检查法（经验判断法）

直观检查法也叫经验判断法，依靠操作或维修人员的_____、_____、_____、_____等手段对零部件的外表进行检查，从而判断一些较为简单的故障，如_____、

_____、_____、_____等。直观检查法在施工工作现场,缺乏完备的仪器、工具的情况下,是较为可行的一种方法。

2. 操作调整检查法

操作调整检查法主要是在无负荷动作和有负荷动作两种条件下进行故障再现操作。检查时,首先应在_____条件下将与液压系统有关的各操纵杆均操作一遍,将不正常的动作找出来,然后再实施_____动作检查。并且,有时需要结合调整法一块进行。检查时,调整液压系统与故障可能相关的_____、_____、_____等可调部位,观察故障现象是否有变化、变化情况,从而判断故障部位。

3. 换件对比检查法

一种情况是用_____、_____的机械进行对比试验,从中查找故障。另一种情况是目前许多大中型机械的液压系统采用了双泵或多泵双回路系统,遇到可疑元件时,不许_____元件,只要_____该机不同回路相应的_____即可。

4. 仪器设备检测法

仪器设备检测法是检测液压系统故障最为准确的方法。主要是通过用液压系统专用测试仪器与设备,对系统各部分液压油的__ ___、_____、_____等测试,并进行_____分析,从而来判断液压系统的故障点。

5. 逻辑分析法

逻辑分析法主要是根据液压系统工作原理进行的_____方法。诊断时根据该机械液压系统组成中各回路的_____导致执行元件发生故障的一种逼近的推理查出法。

1)叙述法

对较为简单的液压系统,可根据故障现象,按照_____、_____、_____的顺序在液压系统原理图上_____故障原理(结合用前面几种方法检查的结果进行)。

2)框图法

框图法是利用各种形状的_____、_____、_____组成的描述故障及故障判断过程的一种图示方法。图15-1 所示为工作压力不足的框图逻辑分析示意图。

3)列表法

对于较为复杂的液压系统,列表法是利用_____将系统中发生的_____、_____及_____简明地列出来的一种常用逻辑分析法,通常可按控制油路和工作油路两大部分分别进行分析。

(三)液压系统常见故障及诊断排除

试用框图法或列表法自行分析下列液压系统故障产生的原因与排除方法。
(1)液压系统泄漏。
(2)液压系统中的温升。
(3)执行元件的爬行。
(4)液压冲击。
(5)液压系统中的液压卡紧。
(6)液压系统的振动与噪声。

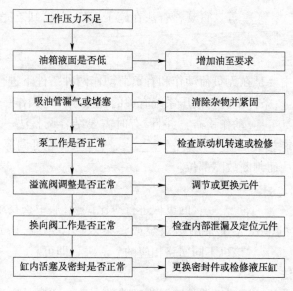

图 15-1　工作压力不足的框图逻辑分析示意图

(四)液压系统的正确使用

(1)正确选用_____的液压油。

(2)正确执行液压机械_____,防止_____和_____。

(3)液压系统低温起动时注意_____,油温逐渐升高后再开始液压系统的工作。

(4)防止_____进入液压系统。

(5)防止_____进入液压油。

(6)防止_____的混入。

(7)防止_____过高。

(8)防止_____的污染。

四、实践体验

(一)THHPYP-1 型液压系统故障分析与排除实训考核装置

1. 认识 THHPYP-1 型液压系统故障分析与排除实训考核装置

图 15-2 所示为 THHPYP-1 型液压系统故障分析与排除实训考核装置,主要由液压泵站、

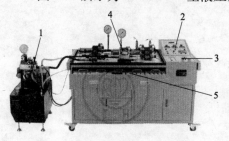

图 15-2　THHPYP-1 型液压系统故障分析与排
除实训考核装置

1-液压泵站;2-实训台控制面板 1;3-实训台控制
面板 2;4-实训台液压系统;5-各控制模块

实训台控制面板、实训台液压系统、各控制模块等部分组成。本装置以典型的组合机床液压系统为实训对象,培养学生熟悉和了解液压传动的基本概念、工作原理和元件的组成特点及应用、组合机床液压系统的组成等,初步掌握常见液压系统故障的处理和排除能力。同时本装置还配有智能人机操作考核系统,可通过上位机或智能人机操作系统进行故障的设置,通过故障现象并结合具体的电路分析,排除故障。本装置安全性好,设有液压泵反转、液压泵吸油口堵塞及过载保护等功能,以防止长时间处于故障状态使设备

零件损坏。

1）液压泵站

液压泵站主要由油箱、液位计、吸油过滤器、空气滤清器、配套电动机(1.5kW)、变量叶片泵($Q=8L/min$,$P_{max}=7MPa$)、短柄球阀、真空发讯器(当真空度过高,继电器动作切断控制回路)等组成。注意:泵站超过4h未使用,起动时请空载运行$1\sim2min$。

2）实训台控制面板

实训台控制面板部分主要由漏电保护器、相序指示灯、带灯熔断丝座、流量计、功率表、起动按钮、停止按钮、行程开关、接近开关、直流24V电源接口、智能人机考核系统等组成,如图15-3、图15-4所示。具有漏电保护功能,功率显示及流量显示功能,当出现断相或相序错时,控制屏内部的相序保护器切断控制回路(相序与断相保护器指示灯红灯亮,需调换电源插头进线线序),电动机停止工作,起动按钮无效。智能人机考核系统可对系统进行设故、排故,考察分析问题、解决问题的能力。

图15-3 控制面板1

1-带灯熔断丝座;2-相序指示灯;3-断相/相序错指示灯;4-功率表;5-流量计;6-普通熔断丝座;7-开关;8-模拟机床启动按钮;9-模拟机床停止按钮;10-故障测试点

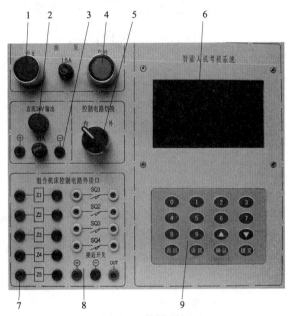

图15-4 控制面板2

1-泵站启动按钮;2-24V直流电源指示灯;3-24V直流电源输出端;4-泵站停止按钮;5-控制电路切换旋钮开关;6-考核界面;7-电磁阀控制输出端;8-控制信号输入端;9-考核装置操作界面

3）实训台液压系统

该液压系统主要由两个液压缸、压力控制阀、流量控制阀、方向控制阀、行程开关、接近开关及液压泵站等组成,可模拟典型组合机床的夹紧、快进-工进-快退动作。液压系统原理图如图15-5所示。

4）各控制模块

该实训装置的控制模块主要有电源模块、PLC主机模块、继电器模块、按钮开关模块、智能人机交换模块等。

2. 操作 THHPYP-1 型液压系统故障分析与排除实训考核装置

1）使用说明

（1）PVC 轻触键盘简介。

图 15-4 所示实训台控制面板 2 的 PVC 轻触键盘,主要由数字输入键、删除/移动键、确认键、设置键、返回键等组成,轻触操作。简介如下:1 为 ▲ 删除键/移动键;2 为 ▼ 移动键;3 为 返回 返回键;4 为 设置 设置键;5 为 确认 确认键;6 为 提交 提交键;7 为 ● 数字输入键,如图 15-6 所示。

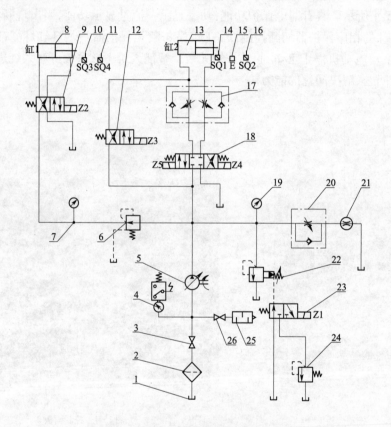

图 15-5　液压系统原理图

1-油箱;2-过滤器;3-短柄球阀 1;4-真空发讯器;5-变量叶片泵;6-叠加式减压阀;7-压力表 1;8-液压缸 1;9-二位四通电磁换向阀 1;10-行程开关 SQ3;11-行程开关 SQ4;12-二位四通电磁换向阀 2;13-液压缸 2;14-行程开关 SQ1;15-接近开关;16-行程开关 SQ2;17-叠加式双单向节流阀;18-三位四通电磁换向阀;19-压力表 2;20-单向节流阀;21-涡轮流量计;22-先导式溢流阀;23-二位三通电磁换向阀;24-直动式溢流阀;25-消声器;26-短柄球阀 2

图 15-6　按键界面

154

（2）设故操作。

进入设故初始密码为 23456，根据提示进入设故界面，通过移动  选择故障设置点，按下 设置 后，故障点"OFF"变为"ON"，按下 确认 后，提示"通信：发送成功"，并可听到继电器吸合声音，即该故障点设置成功，其过程如图 15-7 所示。

a)主界面

b)设故进入界面

c)进入功能选择界面

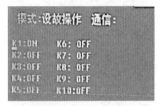

d)故障设置界面

e)故障设置成功界面

f)返回功能选择界面

g)返回设故进入界面

h)确定返回登录界面

图 15-7　设故操作

（3）排故操作。

进入排故初始密码为 12345，根据提示进入排故界面，通过移动  选择排故点，按下 设置 后，故障点"OFF"变为"ON"，按下 确认 后，提示"通信：发送成功"，并可听到继电器吸合声音，故障完全排除后，提示"剩余故障：无"，见"排故完成界面"。此时，模拟组合机床液压回路可正常运行。排故过程如图 15-8 所示。

2）注意事项

（1）试验过程中，应注意安全和爱护试验设备，严格遵守试验规程，在试验老师的指导下进行，切勿盲目进行试验。

（2）试验前先要对试验回路进行理论分析，掌握回路的基本工作原理，熟悉本装置液压系统使用的所有元器件的基本功能、结构及使用方法。

（3）在试验过程中，试验元器件务必注意稳拿轻放，防止碰撞。

（4）试验过程中，绝对禁止强行拆卸，不要强行旋钮或扳动各种元件的手柄，以免造成人为损坏。

（5）试验过程中，发现异常现象（如异常噪声、喷油等）应立即切断电源和保护现场，并向指导老师报告，以便妥善处理。

（6）试验完毕后，要清理好元器件，注意元件的维护和试验台的整洁。

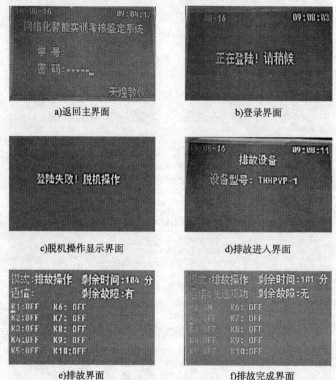

图 15-8　排故操作

3）操作步骤

（1）熟悉 THHPYP-1 型液压系统故障分析与排除实训考核装置的结构与使用方法，并对其液压系统进行模拟演示，掌握其基本工作原理。

（2）设置故障。

（3）观察故障现象。

（4）分析故障产生的原因。

（5）排除故障。

（6）试验完毕，维护、清理试验台。

（7）试验总结。

（二）液压系统故障诊断与排除

1. THHPYP-1 型液压系统故障分析与排除实训考核装置液压系统模拟演示

操作如下：根据图 15-4 所示控制面板 2 按下泵站起动按钮，将"控制电路切换"旋钮打到"内",根据"图 15-3 所示控制面板 1 按下模拟机床起动按钮,液压系统模拟典型组合机床基本动作,具体为:按下模拟机床起动按钮→Z1、Z2 得电→系统加载液,_____→伸出到底,模拟夹紧→Z3、Z4 得电→_____→其活塞杆接近开关_____→Z3 失电→缸 2 工进→缸 2 工进到底→Z4 失电、Z5 得电→缸 2 快退(对应节流口开度调整较大)→缸 2 退回到底→Z2、Z5 失电,_____→退回到底→Z1 失电,系统_____→模拟动作结束。

2. 设置故障

根据"图 15-5 所示液压系统原理图"连接进油管及回油管,打开短柄球阀 1,关死短柄球阀 2。把"控制电路切换"旋钮打到"内"部电路上,通过智能人机考核系统界面设置故障 K1:进入设故初始密码为_____,根据提示进入设故界面,通过移动_____选择故障设置点 K1,按下_____后,故障点_____变为_____,按下_____后,提示_____,并可听到继电器吸合声音,即该故障点设置成功。

3. 观察故障现象

观察设备故障现象(表 15-1)是否与设置故障点一致。

4. 分析故障产生的原因

分析故障点 K1 的故障产生原因,并填入表 15-1 中。

5. 排除故障

进入排故初始密码为_____,根据提示进入排故界面,通过移动_____选择排故点 K1,按下_____后,故障点_____变为_____,按下_____后,提示"通信:发送成功",并可听到继电器吸合声音,故障完全排除后,提示_____,见"排故完成界面"。此时,模拟组合机床液压回路可_____运行。将排除方法填写至表 15-1 中。

按照上述 2～6 的步骤依次完成故障点 K2～K10 的设置与排除,并完成表 15-1。

液压系统故障设置 表 15-1

序号	故 障 点	对应的故障现象	故障产生原因	故障排除
1	设置故障 K1	Z1 失电,系统不能加载		
2	设置故障 K2	Z2 失电,双作用液压缸 1 不能伸出		
3	设置故障 K3	双作用液压缸 2 不能伸出		
4	设置故障 K4	Z4 失电,双作用液压缸 2 不能伸出		
5	设置故障 K5	双作用液压缸 2 不能模拟机床的快进		
6	设置故障 K6	双作用液压缸 2 不能模拟机床的工进		
7	设置故障 K7	双作用液压缸 2 不能退回		
8	设置故障 K8	双作用液压缸 2 不能退回		
9	设置故障 K9	双作用液压缸 1 不能退回		
10	设置故障 K10	系统不能卸荷		

6. 维护、清理试验台

试验完毕,维护、清理试验台。

7. 试验总结

根据试验过程中观察及记录的现象,结合本实训装置液压系统的结构、原理自行进行分析总结。

五、考核评价

1. 自评

工量具使用	A	B	C	D
技能操作	A	B	C	D
工单填写	A	B	C	D

2. 互评

工量具使用	A	B	C	D
技能操作	A	B	C	D
工单填写	A	B	C	D

3. 教师评价

工量具使用	A	B	C	D
技能操作	A	B	C	D
工单填写	A	B	C	D

评语:_____

_____

_____

学生成绩:_____

参考文献

[1] 朱烈舜. 公路工程机械液压与液力传动[M]. 北京:人民交通出版社,2007.

[2] 张春阳. 工程机械液压与液力传动技术[M]. 北京:人民交通出版社,2009.

[3] 唐银启. 工程机械液压与液力技术[M]. 北京:人民交通出版社,2003.

[4] 颜荣庆,李自光,贺尚红. 现代工程机械液压与液力系统[M]. 北京:人民交通出版
社,2011.

[5] 朱烈舜. 公路工程机械液压系统故障排除[M]. 北京:人民交通出版社,2005.

[6] 王积伟,章宏甲,黄谊. 液压与气压传动[M]. 北京:机械工业出版社,2005.

[7] 宋新萍. 液压与气压传动[M]. 北京:机械工业出版社,2008.

[8] 左健民. 液压与气压传动[M]. 北京:机械工业出版社,2012.

[9] 王积伟. 液压传动[M]. 北京:机械工业出版社,2007.

[10] 马恩. 液压与气压传动[M]. 北京:清华大学出版社,2013.